L'ÉCOLE de la BOULANGERIE

法國藍帶麵包聖經

80 道麵包與維也納麵包的步驟詳解

食譜攝影與採訪：Delphine Constantini

步驟圖攝影：Juliette Turrini

食譜風格設計：Mélanie Martin

 TK

前言
PRÉFACE

法國藍帶廚藝學院的麵包聖經為你提供全新的烹飪冒險。仿效法國藍帶學生的學習方式，你將從每個附上豐富插圖的章節中，精通麵包師的各種專業技能，例如食材的發酵與烘焙管理、製作一系列的現代維也納麵包，而且不論在這裡還是任何地方，都可以掌握專業的新技術。此外，從傳統的長棍到小麵包，不論是特定地區還是世界各國的麵包，你將發現一個充滿全新風味和口感的世界。

法國藍帶廚藝學院教育機構，是世界一流的廚藝和飯店管理學院網絡。擁有超過125年的教育經驗，提供從入門到證書和文憑等廣泛的培訓，以及大學等級的餐飲、飯店、旅遊學士和碩士學位。獲得20多國認可的法國藍帶廚藝學院，每年為來自100多個國家將近20,000 名學生提供烹飪、糕點、麵包、葡萄酒工藝和飯店管理方面的培訓。

法國藍帶廚藝學院及學院所發展的優質課程，為學生的職業選擇提供最有力的支持。法國藍帶國際學院的學生們，活躍於記者、美食評論家、侍酒師、葡萄酒經紀人、作家、美食攝影師、餐廳經理、營養師、廚師和／或企業家等各種職業身分。

從茱莉亞·柴爾德（Julia Child）到約塔姆·奧托倫吉（Yotam Ottolenghi）等許多畢業生的成功，可證明這所學院的教學品質。我們許多校友都獲得享有盛譽的頭銜和獎項，例如嘉麗瑪·阿羅拉（Garima Arora）、克拉拉·普格（Clara Puig）、克里斯托瓦爾·穆尼奧斯（Cristobal Muñoz）獲得了米其林指南的一星；或是盧西亞娜·貝里（Luciana Berry）和王潔西卡（Jessica Wang），獲得了2020年《Top Chef頂尖主廚大對決》和《Master Chef廚神當道》的冠軍。法國藍帶廚藝學院因這些校友在世界各地獲得的專業認可而深感驕傲。

法國藍帶廚藝學院始終忠於追求卓越的理念，在各大國際美食之都提供卓越的教育環境。由最出色的米其林主廚和其他業界專家授課，法國藍帶廚藝學院師資團隊的成員為常駐性質，並曾在最知名的機構工作，高水準的培訓享譽全球。

教學創新是法國藍帶廚藝學院深植的傳統。多年來，法國藍帶廚藝學院見證了廚藝和飯店業界的變化，新課程正是這些觀察的結果，盡可能支持學生走向成功的職業生涯。為回應營養、健康、素食、食品科學、社會和環境責任，所引發的濃厚興趣，學院提供的新課程會因應各種變化而改良，持續為世界帶來影響。

對法國藍帶廚藝學院來說，成為變革的推動者並不是什麼新鮮事。記者瑪特‧蒂斯黛（Marthe Distel）於1895年，創立了法國藍帶廚藝學院，她開創性的願景是為所有人提供烹飪培訓。法國藍帶廚藝學院向非專業的大眾開放，提供法國烹飪大師的技術而大獲成功，不僅是女性，各國普羅大眾都前來共襄盛舉，法國藍帶在1897年歡迎第一位俄羅斯學生，並在1905年迎接第一名日本學生。1914年，法國藍帶廚藝學院在巴黎開設了四所學校，成功挑戰創新。

法國藍帶廚藝學院今日的使命是推廣美食，但也會透過教學傳授國際標準，以及對當地口味和習俗的尊重，並將法國的烹飪技術應用於全世界的美食。因應不同國家教育部的要求，在學院推出的課程中，可以找到秘魯、巴西、墨西哥、西班牙、日本、泰國等料理課程。法國藍帶廚藝學院也與大使館、當地政府和多個組織合作，在國際貿易展覽會或比賽的背景下，參與了許多慶祝世界各地文化、技術、美味和食材的活動。

法國藍帶廚藝學院定期出版書籍，並獲得全世界的讚譽，有些更已成為烹飪培訓的基準，全球已售出超過1400萬本。無論程度如何，我們都鼓勵美食愛好者大膽投入，而且我們很高興能陪伴讀者探索新的技術，進而創造美好的事物和品味。

我們希望法國藍帶廚藝學院能讓你愛上各種形式的麵包，以及製作麵包的各個階段。製作麵包促使我們與感官重新連結，神奇的發酵過程讓我們聞到烤麵團的香氣、觸摸獨特的質地；當你聽到劈啪作響麵包裂開時的聲音，這正是剛出爐麵包特有的風情。

祝你們探索愉快！

美食夥伴

André Cointreau 安德烈‧君度

法國藍帶廚藝學院國際總裁

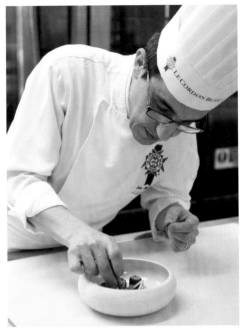

SOMMAIRE

INTRODUCTION

法國藍帶廚藝學院自豪地推出《麵包聖經》，這是一本結合了法國藍帶廚藝學院的烹飪與教學技能，以及 Larousse 出版品質的參考書。

你將在本書中找到最出色的經典麵包、現代麵包和世界各個國家的麵包，也包括維也納麵包和一些輕食小點。來自世界各地的法國藍帶廚藝學院主廚在此獨家呈現 80 多道配方的秘訣，並附上圖片說明，從最簡單到最進階的都涵蓋其中。

從傳統麵包和維也納麵包（長棍、奧維涅黑麥麵包 tourte auvergnate、義大利拖鞋麵包、刈包、可頌、布里歐、口袋餅），到更精緻的特色麵包（無麩質麵包、辮子皇冠麵包、諾曼第驚喜、普羅旺斯千層麵包），你會發現各種法國藍帶廚藝學院主廚等級的配方，你可在藍帶認可的指導下在家複製同樣的美味。為了增進讀者的理解並確保成功製作，也提供了烘焙基礎的步驟說明。

法國藍帶廚藝學院的廚師們始終熱衷於開發獨家食譜，同時傳授關於技術和食材的訣竅，你還能在書中找到有助減少廚房浪費的小巧思。

繼《法國藍帶巧克力聖經》和《法國藍帶糕點聖經》之後，這是 Larousse 的全新出版品，闡述了法國藍帶廚藝學院的使命：在法國和世界各地傳播專業知識並推廣當代的美食典範。

對於想實現高水準原創配方，或是較傳統配方的愛好者來說，這本著作正是名副其實的聖經，邀請讀者如同親臨法國藍帶廚藝學院般，探索法國和世界各國的麵包，以及維也納麵包的世界，展開新的烹飪挑戰。

本書就是你的嚮導，唯一要做的就是開始揉麵團。

Olivier Boudot 奧利維‧布多　主廚

麵包技術總監

Le Cordon Bleu
les dates repères

1895年 法國記者瑪特·蒂斯黛在巴黎創辦了名為《La Cuisinière Cordon Bleu》的雜誌。10月，雜誌訂閱者受邀參加第一屆藍帶廚藝課程。

1897年 巴黎法國藍帶廚藝學院迎來第一位俄羅斯學生。

1905年 巴黎法國藍帶廚藝學院培訓第一位日本學生。

1914年 法國藍帶廚藝學院在巴黎創立四所學院。

1927年 《The London Daily Mail倫敦每日郵報》於11月16日報導至巴黎法國藍帶廚藝學院參訪的經驗：「一班有八個不同國籍的學生並不少見。」

1933年 羅絲瑪莉·休謨（Rosemary Hume）和迪奧·盧卡斯（Dione Lucas）在主廚亨利保羅·佩拉普拉特（Henri-Paul Pellaprat）的監督下受訓，在倫敦開設法國藍帶廚藝學院分校（l'école du Petit Cordon Bleu），和法國藍帶廚藝學院餐廳分店（le restaurant Au Petit Cordon Bleu）。

1942年 迪奧·盧卡斯（Dione Lucas）在紐約開設法國藍帶廚藝學院和餐廳。她也是暢銷書《法國藍帶廚藝學院料理書 The Cordon Bleu Cook Book，1947》的作者，並成為美國第一位主持電視料理節目的女性。

1948年 法國藍帶廚藝學院為在歐洲服役後的年輕美國士兵提供專業培訓，獲得五角大樓的認可。美國戰略情報局（Office of Strategic Services，OSS）前成員，茱莉亞·柴爾德（Julia Child）開始在巴黎法國藍帶廚藝學院接受培訓。

1953年 倫敦法國藍帶廚藝學院打造了加冕雞（Coronation Chicken）的配方，在英國女王伊麗莎白二世的加冕晚宴上，供應給外國貴賓享用。

1954年 由比利·懷德（Billy Wilder）執導，並由奧黛麗·赫本（Audrey Hepburn）擔任主角的電影《龍鳳配 Sabrina》大獲成功，更讓法國藍帶廚藝學院的知名度水漲船高。

1984年 人頭馬（Rémy Martin）和君度（Cointreau）品牌創始家族後代：君度家族接手自1945年以來，一直擔任巴黎法國藍帶廚藝學院校長的伊麗莎白·布拉薩（Elizabeth Brassart）的校長職位。

1988年 巴黎法國藍帶廚藝學院離開艾菲爾鐵塔附近的戰神廣場路（rue du Champ de Mars），搬到第15區的萊昂·德爾霍姆路（Léon Delhomme）。部長愛德華·巴拉杜（Édouard Balladur）為學院舉行開幕儀式。• 渥太華法國藍帶廚藝學院迎來首批學生。

1991年 日本法國藍帶廚藝學院，先後在東京和神戶開幕。學院以「日本的小法國」著稱。

1995年 法國藍帶廚藝學院慶祝成立 100 週年。• 中國上海地區當局首度派廚師至海外，前往巴黎法國藍帶廚藝學院進行培訓。

1996年 應新南威爾斯州（Nouvelle-Galles du Sud）政府的要求，在澳洲成立法國藍帶廚藝學院，為廚師提供培訓，以便為2000年的雪梨奧運做準備。

接著在阿德雷德（Adélaïde）展開飯店管理、餐飲、廚藝和葡萄酒領域的學士與碩士課程及學術研究。

1998年 法國藍帶廚藝學院與職業教育公司（Career Education Corporation，CEC）簽署獨家協議，將教學專業傳至美國，提供內容包括廚藝和飯店管理的專科證書。

2002年 韓國和墨西哥法國藍帶廚藝學院，敞開大門歡迎第一批學生。

2003年 祕魯法國藍帶廚藝學院機構展開冒險，成為該國第一間廚藝學院。

2006年 與都喜天闕（Dusit International）飯店集團合作，創立泰國法國藍帶廚藝學院。

2009年 法國藍帶廚藝學院網絡的所有機構皆參與了《美味關係 Julie & Julia》電影的拍攝，梅莉·史翠普（Meryl Streep）飾演巴黎法國藍帶廚藝學院校友，茱莉亞·柴爾德的角色。

2011年 在與維多利亞大學合作下，馬德里法國藍帶廚藝學院開張。• 法國藍帶廚藝學院首度推出線上課程：美食旅遊碩士（Master of Gastronomic Tourism）課程。• 日本從法國手中奪走擁有最多三星級餐廳的國家稱號。

2012年 與雙威大學（Sunway University）合作創立馬來西亞法國藍帶廚藝學院。• 倫敦法國藍帶廚藝學院遷至布魯姆斯伯里區（Bloomsbury）。• 紐西蘭法國藍帶廚藝學院在威靈頓（Wellington）開幕。

2013年 伊斯坦堡法國藍帶廚藝學院正式開幕。•泰國法國藍帶廚藝學院獲得亞洲最佳廚藝學院獎。•與馬尼拉雅典耀大學簽署了在菲律賓開設學院的協議。

2014年 印度法國藍帶廚藝學院開張,為學生提供飯店和餐飲管理學士學位。•黎巴嫩法國藍帶廚藝學院,與法國藍帶廚藝學院高等美食研究課程(Hautes Études du Goût)慶祝創立十週年。

2015年 世界各地慶祝法國藍帶廚藝學院成立 120 週年。•上海法國藍帶廚藝學院歡迎第一批新生入學。•與國立高雄餐旅大學以及明台中學,合作創立台灣法國藍帶廚藝學院。•法國藍帶廚藝學院與智利菲尼斯大學合作,在聖地牙哥開幕。

2016年 法國藍帶廚藝學院在萊昂·德爾霍姆路(Léon Delhomme)屹立30年後,重新回到舞臺前方,並在第15區的塞納河畔,開設約4000平方公尺的新校區,專門用於葡萄酒、飯店管理和餐飲等行業的烹飪藝術和管理。巴黎法國藍帶廚藝學院也和巴黎第九大學合作,開設兩門學士學位課程。

2018年 祕魯法國藍帶廚藝學院取得大學地位。

2020年 法國藍帶廚藝學院慶祝 125年的卓越成績。•法國藍帶廚藝學院在巴西里約熱內盧(Rio de Janeiro)開設了 Signatures 餐廳,並推出線上認證的高等教育課程。

2021年 法國藍帶廚藝學院的新課程著重於創新和健康,提供營養、保健、素食料理和食品科學等專業文憑。法國藍帶廚藝學院還與知名機構合作開發,並提供綜合食品科學學士學位(與渥太華大學合作)、烹飪創新管理學碩士(與倫敦大學伯貝克學院合作),以及國際飯店管理和烹飪領導力工商管理碩士(與巴黎第九大學合作)。

Les instituts
Le Cordon Bleu
dans le monde
世界各地的法國藍帶廚藝學院

LE CORDON BLEU PARIS

13–15, quai André Citroën
75015 Paris, France

Tél. : +33 (0)1 85 65 15 00
paris@cordonbleu.edu

LE CORDON BLEU LONDON

15 Bloomsbury Square
London WC1A 2LS
United Kingdom

Tél. : +44 (0) 207 400 3900
london@cordonbleu.edu

LE CORDON BLEU MADRID

Universidad Francisco de Vitoria
Ctra. Pozuelo-Majadahonda
Km. 1,800
Pozuelo de Alarcón, 28223 Madrid, Spain

Tél. : +34 91 715 10 46
madrid@cordonbleu.edu

LE CORDON BLEU INTERNATIONAL

Herengracht 28
Amsterdam, 1015 BL, Netherlands

Tél. : +31 206 616 592
amsterdam@cordonbleu.edu

LE CORDON BLEU ISTANBUL

Özyeğin University
Çekmeköy Campus
Nişantepe Mevkii, Orman Sokak, No:13
Alemdağ, Çekmeköy 34794
Istanbul, Turkey

Tél. : +90 216 564 9000
istanbul@cordonbleu.edu

LE CORDON BLEU LIBAN

Burj on Bay Hotel
Tabarja – Kfaryassine
Lebanon

Tél. : +961 9 85 75 57
lebanon@cordonbleu.edu

LE CORDON BLEU JAPAN

Ritsumeikan University Biwako/
Kusatsu Campus
1 Chome-1-1 Nojihigashi
Kusatsu, Shiga 525–8577, Japan

Tél. : + 81 3 5489 0141
tokyo@cordonbleu.edu

LE CORDON BLEU KOREA

Sookmyung Women's University
7th Fl., Social Education Bldg.
Cheongpa-ro 47gil 100, Yongsan-Ku
Seoul, 140–742 Korea

Tél. : +82 2 719 6961
korea@cordonbleu.edu

LE CORDON BLEU OTTAWA

453 Laurier Avenue East
Ottawa, Ontario, K1N 6R4, Canada

Tél. : +1 613 236 CHEF (2433)
Toll free : +1 888 289 6302
Restaurant line : +1 613 236 2499
ottawa@cordonbleu.edu

LE CORDON BLEU MEXICO

Universidad Anáhuac North Campus
Universidad Anáhuac South Campus
Universidad Anáhuac Querétaro Campus
Universidad Anáhuac Cancún Campus
Universidad Anáhuac Mérida Campus
Universidad Anáhuac Puebla Campus
Universidad Anáhuac Tampico Campus
Universidad Anáhuac Oaxaca Campus
Av. Universidad Anáhuac No. 46, Col.
Lomas Anáhuac
Huixquilucan, Edo. De Mex. C.P. 52786,
México

Tél. : +52 55 5627 0210 ext. 7132 / 7813
mexico@cordonbleu.edu

LE CORDON BLEU PERU

Universidad Le Cordon Bleu Peru (ULCB)
Le Cordon Bleu Peru Instituto
Le Cordon Bleu Cordontec
Av. Vasco Núñez de Balboa 530
Miraflores, Lima 18, Peru

Tél. : +51 1 617 8300
peru@cordonbleu.edu

LE CORDON BLEU AUSTRALIA

Le Cordon Bleu Adelaide Campus
Le Cordon Bleu Sydney Campus
Le Cordon Bleu Melbourne Campus
Le Cordon Bleu Brisbane Campus
Days Road, Regency Park
South Australia 5010, Australia

Free call (Australia only) : 1 800 064 802
Tél. : +61 8 8346 3000
australia@cordonbleu.edu

LE CORDON BLEU NEW ZEALAND

52 Cuba Street
Wellington, 6011, New Zealand

Tél. : +64 4 4729800
nz@cordonbleu.edu

LE CORDON BLEU MALAYSIA

Sunway University
No. 5, Jalan Universiti, Bandar Sunway
46150 Petaling Jaya, Selangor DE,
Malaysia

Tél. : +603 5632 1188
malaysia@cordonbleu.edu

LE CORDON BLEU THAILAND

4, 4/5 Zen tower, 17th-19th floor
Central World
Ratchadamri Road, Pathumwan
Subdistrict,
10330 Pathumwan District, Bangkok
10330
Thailand

Tél. : +66 2 237 8877
thailand@cordonbleu.edu

LE CORDON BLEU SHANGHAI

2F, Building 1, No. 1458 Pu Dong Nan
Road
Shanghai China 200122

Tél. : +86 400 118 1895
shanghai@cordonbleu.edu

LE CORDON BLEU INDIA

G D Goenka University
Sohna Gurgaon Road
Sohna, Haryana
India

Tél. : +91 880 099 20 22 / 23 / 24
lcb@gdgoenka.ac.in

LE CORDON BLEU CHILE

Universidad Finis Terrae
Avenida Pedro de Valdivia 1509
Providencia
Santiago de Chile

Tél. : +56 24 20 72 23
secretaria.artesculinarias@uft.cl

LE CORDON BLEU RIO DE JANEIRO

Rua da Passagem, 179, Botafogo
Rio de Janeiro, RJ, 22290-031
Brazil

Tél. : +55 21 9940-02117
riodejaneiro@cordonbleu.edu

LE CORDON BLEU SÃO PAULO

Rua Natingui, 862 Primero andar
Vila Madalena, SP, São Paulo 05443-001
Brazil

Tél. : +55 11 3185-2500
saopaulo@cordonbleu.edu

LE CORDON BLEU TAIWAN

NKUHT University
Ming-Tai Institute
4F, No. 200, Sec. 1, Keelung Road
Taipei 110, Taiwan

Tél. : +886 2 7725-3600 / +886 975226418
taiwan-NKUHT@cordonbleu.edu

LE CORDON BLEU, INC.

85 Broad Street – 18th floor, New York,
NY 10004 USA

Tél. : +1 212 641 0331

www.cordonbleu.edu
e-mail : info@cordonbleu.edu

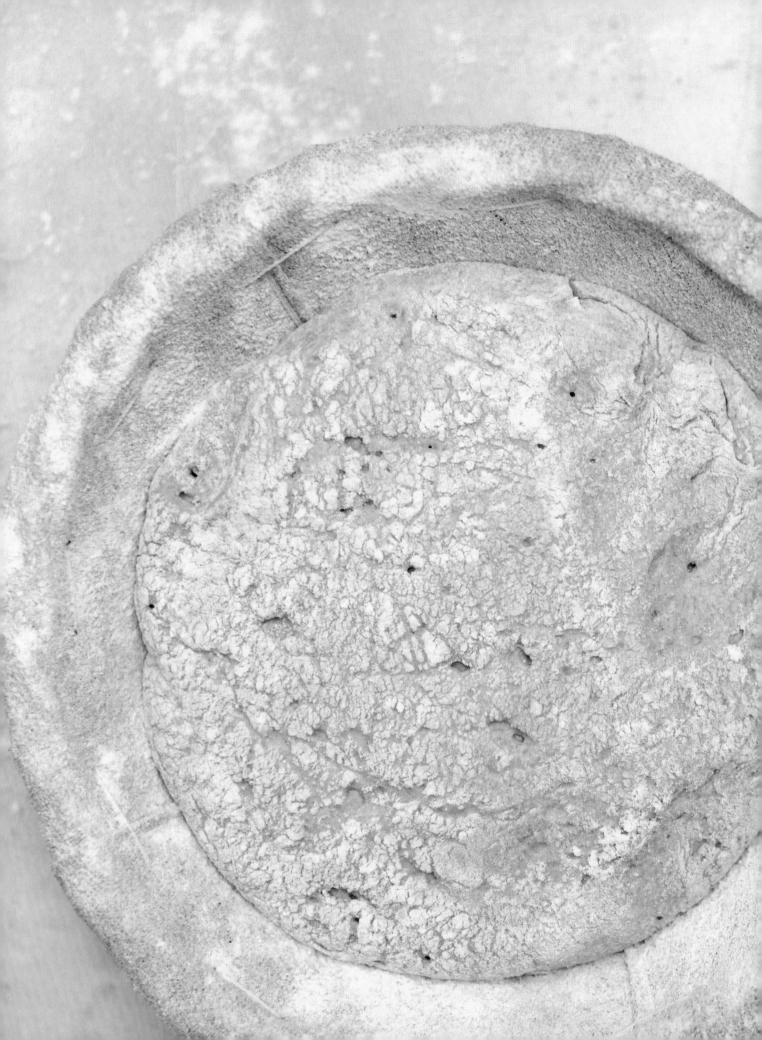

Du pétrin
au four

從揉麵到烘烤

La boulangerie :
un métier, une passion,
une ouverture sur les autres

麵包烘焙：
一種職業、熱情、對他人開放的態度

麵包在世界各地多數的文化中，都是重要的飲食要素。儘管總是以麵粉和水製作，但各種國際美食都已開發出自己的麵包版本，其中包括含有酵母和不含酵母的種類。麵包烘焙在成為一種職業之前，技術是靠代代相傳，才能夠讓相關的祕訣和發現得以延續。此外，如果沒有每天製作麵包的人們，麵包就不會有我們今日所知的形狀和風味。

爾後，和世界一樣古老的麵包師行業，開始向其他人敞開雙臂，特色是傳授科學和方法，但同時也傳播了哲學思想和歷史。分享製作的祕訣、麵粉的種類、揉麵技術、不同麵團的整形，構成麵包師一職不可分割的部分。這樣的傳播讓每個人都能有機會參與新技術的開發，進而創造出創新的配方。

麵包師需要手工的技術，但也需要感官。麵包職人透過他的五感：聽覺、視覺、嗅覺、觸覺和味覺，來和材料保持協調，並與他的麵包作品維持密切的關係。人們常說，麵包會因麵包師而異。實際上，麵團因為成分和必要的發酵階段，可說是一種具生命的材料，必須小心處理。出於這個原因，同樣的配方會依據製作者、揉麵、麵團的處理，甚至烘焙的選擇而產生不同的麵包。

在一切快速發展且相互連結的世界裡，人們無時無刻都處於緊繃狀態，而製作麵包可讓人稍微放鬆，並從容地用手揉麵。在製作的過程中不能有任何的倉促，而且需要耐心並聆聽直覺，才能為味蕾帶來最大的幸福。

此外，不論是自己單獨製作，還是以團隊合作的方式製作麵包，都是莫大的樂趣！我們從物質世界中抽離，在當下建構並為麵包賦予生命，麵包師的熱情由此而生。麵包師揉麵、整形，看著麵團膨脹，並在麵團放入烤箱烘烤時，聞到麵包的氣味，看著麵包成形…等種種樂趣，由此獲得無比的滿足和自豪。

麵包師必須掌握大量因素，才能用簡單的原料製作出卓越的配方，因為麵包烘焙是一種需要經驗的技術，必須製作大量的麵包後才能找出缺失，並瞭解可能的改善方法，以獲取最理想的結果。

透過練習便可建立信心。我們習得的知識和技術越多，就越能自由發揮創意，開發出具有新口味、形狀和組合的新產品。每個人都可以從這樣的過程中展現感性、專業技術和天賦，並成功地將努力的成果與身邊的人分享。

Les ingrédients
du pain
麵包的材料

LA FARINE DE BLÉ 麵粉

麵粉是小麥經不同研磨階段後所形成的食材,也是製作麵包不可或缺的材料。在各種小麥品種中,主要採收和食用的有三種:稱為小麥(blés de froment)的軟質小麥、硬質小麥(blés durs),以及半硬質小麥(blés mitadins)。我們特別感興趣的麵粉來自軟質小麥家族,它含有大量的澱粉和軟質麵筋。這些小麥適合溫帶氣候,於 10 月和 11 月在法國播種,夏季收穫。

La composition d'un grain de blé
小麥穀粒的組成

小麥的顆粒小(5 至 9 公釐),呈現卵形,有鼓起的一面和平坦的一面。小麥穀粒的兩端覆蓋著稱為「冠毛」的細毛,包含三部分:外皮、胚芽和胚乳。

• **外皮。**又稱「果皮」,包覆著小麥穀粒,並佔穀粒總重量的 13 至 15%。果皮分為幾層:外果皮、中果皮和內果皮。正是這些果皮層保護著穀粒,並在研磨後形成「麩皮」。

• **胚芽。**佔穀粒重量的 2%,位於穀粒的末端。由於脂肪含量很高,會在研磨過程中去除。胚芽的存在會讓麵粉難以良好保存。

• **胚乳。**佔穀粒重量的 80 至 85%,而且含有穀物澱粉和麩質。經磨碎的胚乳會形成麵粉。

麵粉大部分由澱粉所構成,即一種複合碳水化合物。沒有澱粉,就無法進行發酵。我們發現可製作麵包的麵粉,分為兩種形式:佔最大比例的完整澱粉,以及研磨後產生的受損澱粉。後者的好處在於揉麵過程中的吸水力和爆裂的能力,會先受到酵母所轉化。

小麥穀粒亦含有可形成精細、柔軟且結實小纖維的蛋白質。在揉麵過程中,這些蛋白質會吸收水分、膨脹、變薄和延展,以形成所謂的「麵筋網絡 réseau glutineux」。這樣的細線網絡精細而結實,可留住酵母產生的二氧化碳(CO_2)。

Les qualités et les types de farines
麵粉的品質和種類

優質麵粉在製作麵包時必不可少。今日的磨坊與農民密切合作,以越來越趨向永續農業生產的方式,從優質的小麥作物中取得麵粉。他們精選幾種具優質蛋白質的小麥一起研磨,生產出全年品質一致的麵粉。

麵粉依據「type 型號」進行分類。後者指的是麵粉樣品焚燒後殘留的灰分或礦物質含量。每種麵粉會依據該比率而分配一個號碼。比率越低,麵粉就越白,type 型號的數字也越小。例如,T45 是最細、最白且最精製的麵粉,而 T150 是最粗、最有特色,而且含有最多麩皮和小麥穀粒外皮殘留的麵粉。麵粉類型因國家/地區而異,各國麵粉之間的對應,並不總是那麼容易確立。

> **NOTE 注意:**type 型號對應的並非麵粉中所含的麩質比率,而是麵粉中殘留的灰分或礦物質的比率。麩質比率無法以 type 型號來衡量,而是要看百分比。法國麵粉的麩質比率介於 9 至 12% 之間。

Les farines de blé en usage en France
法國使用的麵粉：

• **T45** 麵粉。主要用於發酵麵團（pâtes levées）和糕點。

• **La farine de gruau** 精白麵粉。麵筋含量高，主要用於製作發酵麵團（維也納麵包）。

• **T55** 和 **T65** 麵粉。是使用最廣泛的麵粉，尤其在長棍和傳統法國長棍上。

• **T80** 麵粉或稱 **farine bise** 灰褐色麵粉。主要用於鄉村麵包和特殊麵包（pains spéciaux）。

• **T110** 麵粉。主要用於製作特殊麵包。

• **T150** 麵粉。含有大量麩皮的全麥麵粉，特別適用於全麥或麩皮麵包。T150 麵粉由全穀物所構成：外皮、胚乳和胚芽。

在麵包烘焙中，T65 是使用最廣泛的麵粉。法國傳統麵粉是以精心挑選的小麥品種製成 T65 麵粉。這種麵粉是按照1993年相關法令的標準製作，該法令要求麵包師製作麵包時使用的麵粉，保證不含可提升味道並改善麵包品質的添加劑。

近年來，越來越多人使用以古老小麥品種製成的新麵粉，例如波爾多紅（Rouge de Bordeaux）、馬雅無芒小麥（Touselles de Mayan）。這些所謂「古老品種」的麵粉纖維含量較高，麩質含量較低，經不起長時間揉麵。對健康有很大的好處，因為用這些麵粉製成的麵包較容易消化，升糖指數較低。

LES AUTRES MOUTURES 其他麵粉

• **La farine de seigle** 黑麥麵粉。麩質含量低，包括 T130 和 T170。

• **La farine de sarrasin** 蕎麥粉。亦稱為「黑色小麥粉」，不含麩質。

• **La farine de maïs** 玉米粉。無法單獨用來製作麵包，因為不含麩質。

• **La farine d'orge** 大麥粉。主要用於製作某些菜餚（粥、烘餅 galettes 等）。

• **Le malt** 麥芽精。製作麵包的輔助物，通常以發芽的大麥製成（亦可使用其他穀物）。可非常少量地添加至缺乏筋度的麵團中，或是以無麩質麵粉（例如蕎麥）製成的麵團內。

• **La farine de drèche** 麥芽渣粉。以釀造啤酒後形成的麥芽殘渣所製成。將麥芽殘渣乾燥並經研磨後，便可製成富含蛋白質、纖維和礦物質的麵粉。如同前面所提到的麵粉，可少量添加至麵粉中製作麵包。

• 以燕麥（avoine）、斯佩耳特小麥（épeautre）、米、栗子、鷹嘴豆（pois chiche）、呼羅珊小麥（blé khorasan）等作物製成的多種其他粉類。使用率較低，因為缺乏麩質，往往只佔麵粉總重的10至30%，以免麵團失敗。

LA LEVURE 酵母

酵母以多種形式存在。在麵包烘焙中，以新鮮酵母最為常見，這是一種微小的真菌（釀酒酵母菌），可促進發酵過程的進行。與水和麵粉混合的酵母，分解麵粉中含有的各種醣類，導致發酵的產生，並排出二氧化碳（CO_2）。

Les différentes sortes de levures
不同種類的酵母

• **La levure fraîche de boulanger** 新鮮酵母。乳白色塊狀，質地易碎，氣味宜人。

• **La levure sèche instantanée** 速發乾酵母。亦稱為「levure lyophilisée凍乾」或「déshydratée脫水」酵母。若沒有新鮮酵母，我們通常會使用半量的速發乾酵母。

• **La levure sèche active** 活性乾酵母。以顆粒或小珠的形式販售，不同於速發乾酵母，使用前必須先與水混合、。

配方中的酵母量

使用的酵母量可能會依幾項因素而有所不同。

• **Le climat** 氣候。冬天會使用比夏天更多的酵母。在濕熱的國家裡，酵母量會減少。

• **Le produit** 食材。在麵團中若添加較高的油脂比例往往會使麵團變重，因此必須增加酵母的量。

• 麵包製程短。比製程長的麵包需要更多的酵母。

La conservation 保存

新鮮酵母必須以4至6°C的溫度冷藏保存。低於0°C時，細胞會休眠，發酵能力減弱。在高於50°C時，細胞會受到破壞，導致酵母無法作用。

酵母不應與糖或鹽直接接觸，否則會降低效果。

L'EAU 水

製作麵包時，水會啟動各種化學反應。在揉麵的過程中，水讓酵母得以繁殖，讓麩質得以濕潤。

水的品質非常重要。因此，礦物質含量高的水，可以讓麵筋網絡更緊密，並加速發酵。水也會影響麵團的稠度：使用相同的麵粉，後者會根據加入的水量比例而有所不同。

麵團依含水量（見30頁）可分為三種：

• **La pâte douce** 軟麵團。以含水量大於70%的配方製成。

這種麵團的一次發酵時間夠長，可獲得筋度和穩定度（例如：洛代夫 pain de Lodève）。

• **La pâte bâtarde** 軟硬適中麵團。這種介於軟硬之間的麵團具有62%的含水量，非常容易整形（例如：鄉村麵包）。

• **La pâte ferme** 硬麵團。這是一種含水量介於45至60%之間的麵團（例如：無預發白色長棍 baguette blanche sans préfermentation）。

LE SEL 鹽

鹽在麵包的製作中扮演幾個重要的角色。可增進麵團的延展性和黏性，有利於均勻且持續地發酵，鹽也會對麵包的外皮和顏色帶來影響。鹽的存在使麵包外層更薄脆也更鮮豔（無鹽麵包總是較蒼白）。

最後，鹽的吸濕性質可改善麵包的保存：在乾燥的天候中，鹽可延緩麵包的乾燥和麵包外層的硬化，有利於麵包保存。但在潮濕的天候裡，鹽會促使麵包外層軟化，甚至加速老化。

用海鹽代替細鹽也能發揮出色效果。

LES AUTRES INGRÉDIENTS 其他食材

• **Les matières grasses** 油脂。可為成品賦予更細緻的蜂巢狀結構和更柔軟的外皮，並延長保存期限，奶油和液體油是最常見的油脂。

• **Le sucre** 糖。可促進發酵，為成品賦予味道和色澤，也有助於保存。

• **Les œufs** 蛋。可形成更柔韌的麵團，讓麵包內側更柔軟上色，體積更為膨脹。

• **Le lait ou la crème** 牛乳和鮮奶油。使發酵更沉重緩慢，讓發酵更均勻且規則，因此有時必須增加酵母的用量。

L'HYDRATATION DES PÂTES
麵團含水量

含水量即配方中的水量。以百分比表示，通常介於50% 到 80% 之間（可參考第29頁的麵團種類）；然而，根據使用麵粉的不同，麵團的含水量可能會更高許多。

含水量會依幾種因素而有所不同：

• **麵粉的烘烤強度及其麩質含量。** 麩質量在麵團的含水量中扮演著關鍵角色，因為麩質具有極高的吸水力。實際上，它可吸收自身重量3倍的水。

• **麵粉的水分。** 不能超過16%。

• **麵粉的種類。** 含有纖維的全麥麵粉，比精白麵粉更能吸水。

• **烘焙坊的濕度狀態。** 會依濕度而有所不同，軟麵團最好在乾燥的環境中製作，而硬麵團適合在潮濕的環境中製作。

LA TEMPÉRATURE DE BASE
基礎溫度（室溫＋粉溫＋水溫）

每位麵包師都會盡量讓一周內每天做的麵包，都具有同樣的品質與特色。為了達到最佳發酵效果，麵團的最終溫度（揉麵結束時）必須達到23至25℃ 之間，如果想延緩發酵，則必須達到20至22℃ 之間。為了取得這樣的溫度，我們唯一可以掌控的因素是添加至麵粉中揉麵時的水溫。

為了在揉麵結束時達到所需的麵團溫度，麵包師將「Température de base基礎溫度」的概念融入每個配方的製作中。知道後者便可計算出配方中的水溫。基礎溫度由專業麵包師依使用的配方類型，以及揉麵的時間和強度來判定。如果麵包是以手工揉製，基礎溫度會更高，因為手揉的升溫程度低於機器揉麵的升溫程度。此外，麩質含量低的麵團，例如黑麥，也需要較高的基礎溫度。

Calcul de la température de l'eau de coulage 注水溫度計算

配方水溫的計算公式很簡單：只需知道 Température de base基礎溫度（通常麵包配方中會註明）、室內溫度和所用麵粉的溫度即可。

例如，對於基礎溫度為75的食譜，我們會將室內溫度（21℃）麵粉溫度（22℃）相加，然後再從基礎溫度中減去該總和。

就會形成以下的算式：

21 + 22 = 43

75 − 43 = 32

因而得出配方的水溫為32℃，因此在揉麵結束時，麵團的溫度會在所預期的23 到 25℃之間。

Les méthodes
de préfermentation

預先發酵法

各種不同特色麵包的製作，會採用幾種發酵法：發酵麵團（pâte fermentée）、酵母中種法（levain-levure）、液種／波蘭種（poolish），以及液態酵母種（levains liquide）和硬種／固體發酵種（dur），這些都需要每天餵養。以新鮮的麵包酵母或天然酵母提前製備，成為材料加入麵團。

這些預先發酵法（préferments）具有加速發酵和減少揉麵與最後發酵時間的優點。以預先發酵法製作的麵包具有多種優勢：味道更濃郁、麵包內側形成更均勻的蜂巢狀、營養價值和易消化度都優於其他麵包，而且保存期限也延長了。

Poolish
液種／波蘭種

液種由麵粉、水和酵母構成。這是種含水量極高的酵種，含有和麵粉一樣多的水分，以液種發酵可帶來麵包製作和口味層面等多項優點，可在揉麵過程中為麵團增加彈性和強度，還可在最後發酵期間為麵團增添發酵的耐受度。

液種麵包的味道相當濃郁，麵包內側帶有奶油色，蜂巢狀相當明顯且外皮酥脆，保存期限也較長。

Utilisation 用途。液種分為兩種：法國和維也納液種。兩者的不同之處在於混入的水量多寡。法國液種所含的水分佔麵團總重的50%，稱為「半液種 poolish de moitié」。至於維也納液種則是以麵團總重80%的水分所製成。注意：在某些特製麵包中，可用其他穀物來取代麵粉的重量。新鮮酵母份量的計算，可能因發酵時間而不同。

200克的液種

難度 ☆☆☆

備料：3分鐘（前1天）• 冷藏：12小時

水100克 • T65麵粉100克
• 新鮮酵母1克

- 前1天，準備所有材料 **(1)**。在碗中用打蛋器混合水、麵粉和弄碎的酵母 **(2)**。

- 用刮刀將碗壁刮乾淨。蓋上保鮮膜，冷藏12小時 **(3)**。

- 隔天，液種起泡 **(4)**。從最終配方中取少量的水，用來取下碗壁的液種 **(5)**，接著再加進正式揉麵的麵團中 **(6)**。

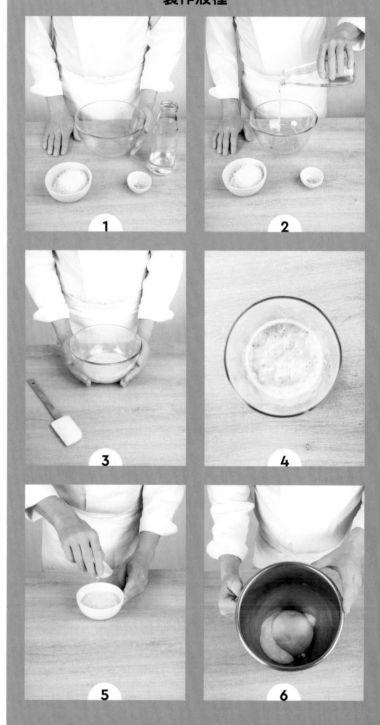

PRÉPARER LA POOLISH
製作液種

Pâte fermentée
發酵麵團

發酵麵團是最容易製作的麵團之一。可強化麵筋網絡，並讓外皮金黃酥脆，所含的鹽分有助於調節酸度和酵母的繁殖，使麵包帶有微酸的香氣和特別的果香。

Utilisation 用途。 發酵麵團用於麵包配方，含有相同的基本成分：酵母、水、麵粉和鹽。主要用於維也納麵包配方的維也納發酵麵團，也含有牛乳和脂肪。

Dosage 用量。 最後揉麵使用的發酵麵團份量，通常介於麵粉重量的10%到50%之間。

520克的發酵麵團

難度 ☐

備料：10分鐘（前1天）• 冷藏：12小時

新鮮酵母3克 • 冷水192克 • 法國傳統麵粉320克 • 鹽5克

- 前1天，在電動攪拌機的攪拌缸中放入酵母和水。加入麵粉，接著是鹽。以慢速揉麵10分鐘。
- 將麵團從攪拌缸中取出，揉成球狀，接著放入碗中。將碗加蓋，冷藏至隔天。

457克的維也納發酵麵團

難度 ☐

備料：8分鐘（前1天）• 冷藏：12小時

水80克 • 牛乳50克 • T45麵粉125克 • T55麵粉125克
• 鹽5克 • 新鮮酵母17克 • 糖30克
• 冰涼的低水分奶油25克

- 前1天，在電動攪拌機的攪拌缸中放入水、牛乳、麵粉、鹽、酵母、糖和奶油。以慢速攪拌4分鐘，攪拌至麵團均勻，接著增加速度攪拌4分鐘，讓麵團獲得足夠的彈性。
- 將麵團從攪拌缸中取出，揉成球狀。蓋上保鮮膜，至少冷藏至隔夜。

Levain-levure
酵母種

酵母種是一種以新鮮酵母、麵粉和水製成的快速備料，可為酵種提供結實質地。麵包酵母的份量依據發酵時間而有所不同，而且往往是配方最後段唯一使用的酵種。

酵母種讓成品變得更堅韌、厚實、穩定、有筋度且柔軟，也有利於麵包的保存。酵母種的使用期會因新鮮酵母使用的份量而縮短，如果酵母種在混入麵團之前等待太久，可能會過度發酵。

Utilisation 用途。 這種方法會搭配特殊麵粉使用，有時是麩質含量較低的麵粉，尤其用來製作維也納麵包和某些特製麵包的麵粉，即富含糖分和油脂的產品，酵母種可使麵團比較柔軟。

Dosage 用量。 最後揉麵時使用的酵母種，分量通常介於麵粉重量的5%到40%之間。

350克的酵母種

難度 ☐

備料：3分鐘 • 發酵：1小時

水120克 • T65麵粉 200克
• 新鮮酵母30克

- 在攪拌缸中，用打蛋器混合水、麵粉和弄碎的酵母。
- 蓋上保鮮膜，在常溫下發酵1小時。

Levain naturel
自然界的酵母

為了製造不含新鮮麵包酵母（levure fraîche de boulanger）的酵母，因此選擇以非麵包酵母來源的乳酸為基底，進行發酵的自然界酵母。將浸漬葡萄或蘋果的液體加入製作成液態酵母種（levain liquide），成為基底酵母（levain de base）也就是（所謂的「酵頭 chef」），必須等待幾天才能看到發酵作用。最常使用的是葡萄和蘋果，因為它們的果皮是菌種和酵母的來源。

取得浸漬液

DIFFICULTÉ 難度 ◇

備料：5分鐘（提前4至5天）

葡萄乾或切塊帶皮與籽的有機蘋果100克・水

- 在碗中放入水果，接著用水淹過。蓋上保鮮膜，靜置於溫暖處至少4至5天。
- 將浸漬水果瀝乾，收集浸漬液。後者可取代如蘋果汁，用來製作液態酵母種。

Levain liquide
液態酵母種

液態酵母種來自在溫暖處發酵幾天，麵團中的糖所產生的分解酶，可說是乳酸發酵。存在的菌種並不會導致麵團產生氣體。

在製作液態酵母種時，麵粉的選擇很重要。應使用石磨或全麥麵粉，因為它們含有部分的穀物外皮，其中具有啟動酵種所必需的細菌，這些麵粉對酵種來說比其他麵粉更有營養。

Entretien 培養。如果經常做麵包，這種液態酵母種就必須天天餵養，即重複第4天的程序（見右頁），提供麵粉和水，事實上，麵粉中的天然糖分有助於野生酵母的培養，而水的濕度有助於它們的生長。如果只是偶爾使用，則可將液態酵母種冷藏保存，並在使用前2天餵養即可。

Conservation 保存。液態酵母種氧化的風險更高，因此更難培養。使用前可冷藏保存3天，亦可冷凍，在3天後取出，仍可維持活力。

Dosage 用量。準備好使用的液態酵母種，可添加至最後揉麵中，佔麵粉重量的20至50%。

PRÉPARER LE LEVAIN LIQUIDE
製作液態酵母種

DIFFICULTÉ 難度 ♤♤♤

準備時間：4天

第1天：基底酵母（levain de base）
（所謂「酵頭 Chef」）
T80石磨小麥粉100克・蜂蜜35克
・有機蘋果汁
（或葡萄或蘋果浸漬液的自然界酵母）35克
・50℃的水50克

第2天：酵頭（第一次餵養 1ᴱᴿ RAFRAÎCHI）
基底酵母220克・40℃的水220克
・T80石磨小麥粉220克

第3天：酵頭（第兩次餵養 2ᴱᴿ RAFRAÎCHI）
酵頭（第一次餵養）660克・40℃的水660克
・T80石磨小麥粉 660克

第4天：最終酵母（LEVAIN FINAL）
（所謂「液態酵母種 LEVAIN LIQUIDE」）
酵頭（第兩次餵養）300克・40℃的水1公斤
・T65麵粉 1公斤

- **第1天**。準備所有材料。在大碗中，用打蛋器混合麵粉、蜂蜜、蘋果汁和水。加蓋，以35℃靜置24小時 **(1)**。

- **第2天**。取用基底酵母，接著用打蛋器加入水和麵粉。加蓋，以30℃靜置18小時 **(2)**。

- **第3天**。取用第2天的酵母 **(3)**，接著用打蛋器加入水和麵粉。加蓋，以28℃靜置18小時 **(4)**。

- **第4天**。取用第3天的酵母，接著用打蛋器加入水和麵粉。加蓋，以28℃靜置3小時 **(5)**。液態酵母種已完成，可供使用 **(6)**。

Levain dur
硬種／固體發酵種

硬種／固體發酵種以液態酵母種為基底，在液態酵母種製備的4天後製作。這是厭氧的環境，由於麵團含有較少的水，會促進乙酸的產生。這種酵母所含的水分約比液態酵母種少50%。在製作過程中，由於溫度較低，酵母會釋放出乙酸和二氧化碳。

硬種／固體發酵種為麵包賦予更濃郁的味道，可展現所使用麵粉的天然風味。硬種的存在有利於麵包內側的上色，並形成適當厚度的麵包外層，較有嚼勁且口感較好。

Utilisation 用途。主要用來製作所謂的「特色」麵包，例如鄉村麵包，並與半全麥、黑麥和石磨麵粉等混合使用。

Entretien 培養。為了培養硬種／固體發酵種，最好每天餵養。為此，取前1天的500克硬種／固體發酵種，接著混合1公斤的 T80 石磨小麥粉，和500克的水。家用時也可以只製作極少的量。

Conservation 保存。硬種／固體發酵種可在不餵養的情況下冷藏保存3至4天，或甚至是冷凍。隨時都可把硬種／固體發酵種的菌株冷凍，在製作的酵種失效的情況下仍可重複使用。

Dosage 用量。在最後揉麵中使用的硬種／固體發酵種分量，一般介於麵粉重量的10%到40%之間。

1公斤的硬種／固體發酵種

DIFFICULTÉ 難度 ☋ ☋ ☋

備料：3分鐘 • 發酵：3小時

液態酵母種（見35頁）250克 • 40℃的水250克
• T80 石磨小麥粉 500克

• 在電動攪拌機的攪拌缸中放入液態酵母種、水和麵粉 **(1)(2)**。以慢速攪拌3分鐘。放入碗中，蓋上保鮮膜 **(3)**。在常溫下靜置3小時後再使用。若在這段靜置時間後未使用酵種，請冷藏保存 **(4)**，酵種會繼續釋出乙酸。

> **NOTE 注意：**可用小麥麵粉取代石磨麵粉來餵養硬種／固體發酵種。若要製作黑麥酵種，可用 T170 黑麥麵粉來取代 T80 石磨小麥粉。

PRÉPARER LE LEVAIN DUR
製作硬種／固體發酵種

CONSISTANCE D'UN LEVAIN LIQUIDE ET D'UN LEVAIN DUR
液態酵母種和硬種／固體發酵種的質地

1 液態酵母種（左）和硬種／固體發酵種（右）之間的比較。　　**2** 硬種／固體發酵種的質地。

La fermentation
發酵

路易‧巴斯德（Louis Pasteur）曾說：「發酵就是沒有空氣的生命。」發酵就是降解。為了進行優化，需要介質（糖和穀物澱粉）和微生物（酵素），才能取得發酵產物（乙醇、二氧化碳和熱）。

Les différents types de fermentation
各種發酵類型

麵團的品質取決於發酵類型。麵包師會依據他的加工方式、可支配的時間，以及想賦予麵包的味道來做選擇。

- 乳酸發酵（液態酵母種）：將單醣轉化為乳酸和熱，使備料帶有淡淡的牛奶味（例如以液態酵母製作的長棍）。

- 酒精發酵（新鮮酵母）：單醣轉化為酒精和二氧化碳（例如：可頌）。

- 醋酸發酵（硬種／固體發酵種）：乙醇轉化為醋酸，使材料（例如：石磨麵包）帶有輕微的酸味。

Les temps de fermentation au cours de la panification
麵包製作過程中的發酵時間

在第一次發酵，或者說「基本發酵」期間，麵團會發展出物理特性並持續強化。

在第二次發酵，或者說「最後發酵」期間，會產生氣體，賦予麵包平衡的蜂窩狀結構。常溫（20至23℃）有利於最後發酵，可促進發酵效果。如果一次發酵的時間長，那最後發酵的時間就要短。

烘焙時間的選擇非常重要。實際上，麵團產生的氣體必須到達最大值（體積增加至原體積的2至3倍），但不得超過極限，否則麵團會在烘烤時塌陷。此外，在與烤箱的熱接觸並進行烘烤時，發酵仍會持續幾分鐘，直到酵母細胞受到破壞（即溫度達50℃時）。

Les facteurs liés à la fermentation
與發酵有關的因素

- **L'hydratation de la pâte** 麵團含水量。含水量不足會抑制發酵的作用。

- **La température de la pâte** 麵團的溫度。當麵團的溫度較高時，會加速發酵作用。通常在揉麵結束，麵團的溫度應介於23至25℃之間。傳統發酵的麵團溫度為24℃，而延緩一次發酵的麵團溫度，介於20至22℃之間。

- **L'acidité de la pâte** 麵團的酸度。這是自然現象，麵包麵團一經發酵就會開始產生酸度。若麵團的酸度過高，發酵的效果會較差。而這樣的酸度與使用的預發酵類型與品質有關。例如，如果酵種過度發酵，麵團就會太酸。

- **Les facteurs externes** 外在因素。烘焙坊的環境溫度會影響麵團的發酵：熱會加速發酵，冷會減緩發酵。烘焙坊的理想溫度在20至25℃之間。

Les grandes étapes de la fabrication *du pain*

製作麵包的重要步驟

LE PÉTRISSAGE 揉麵／攪拌

揉麵包括依序混合麵包材料,即麵粉、水、酵母和鹽,以獲得均勻光滑的麵團。別忘了均勻加入酵母,才能發展出麵筋網絡。

Le pétrissage manuel et le pétrissage mécanique 手工與機械揉麵

手工揉麵包含以下步驟。

- **Le frasage** 初步混合:將麵粉、水、酵母和鹽攪拌均勻。

- **Le découpage** 切割:用刮板(corne)將麵團切塊,以建構麵筋網絡。

- **L'étirage et le soufflage** 拉伸與膨脹:將麵團水平拉伸,接著快速折起,盡可能混入最多的空氣。這個動作會進行數次。

機械揉麵包含以下步驟。

- **Le frasage** 初步混合:同手工揉麵初步混合,以慢速進行,以免麵粉噴出。

- **Le malaxage** 拌和:仿效手工揉麵的步驟(切割和拉伸)。

- **Le soufflage** 膨脹:在揉麵結束時發揮至關重要的作用,可混入空氣、放鬆麵筋網絡,並為麵團賦予額外的筋度。

Les méthodes de pétrissage 揉麵法

有兩種主要的揉麵法。選擇哪種方法取決於尋求的特性,目的是讓麵團得以發揮最大效果。例如,對於蜂巢狀結構發達的傳統長棍來說,以慢速揉麵為首選。反之,對於麵包內側較紮實,且麵筋網絡結構明顯的鄉村麵包來說,就會選擇改良式揉麵法。

- **Le pétrissage à vitesse lente (PVL)** 慢速揉麵。以慢速持續約10分鐘,用於筋度不高的麵粉,目的是獲得較少氧化的麵團,以及更美味、色彩鮮明的麵包內側。此外,形成的麵團會更為柔韌,需較長的發酵時間來彌補筋度的不足。麵包內側會形成漂亮的不規則蜂巢狀,在烘烤時膨脹的體積較小,而且麵包外層較為細緻。

- **Le pétrissage amélioré (PA)** 改良式揉麵法。以慢速持續約4分鐘,並以中速揉麵5分鐘。這是最常用的技術,可構成更明顯的麵筋網絡,為麵包賦予較大的體積,讓麵包內側略呈蜂巢狀也更密實,並形成較厚的麵包外層。此技術建議用於鄉村麵包或全穀粉麵包。

L'AUTOLYSE 水合

水合可讓麵筋網絡變軟,因為這可增加麵粉的含水量。我們也因此可以提升麵團的含水量(透過後加水 bassinage),因為麵粉吸收了更多的水分。

這有利於麵包內側發展出更明顯的蜂巢狀結構。

為了展開水合程序,會混入麵粉和水,以慢速揉麵4分鐘,接著將形成的麵團靜置30分鐘至48小時後,再添加鹽和酵母或酵種。

由於減少了揉麵時間(因為預先混合了麵粉和水),因此較不容易氧化,麵團更有彈性,更容易處理且更光滑。較不黏,因此較容易加工。最後,水合也有利於更精細和明顯的割紋。

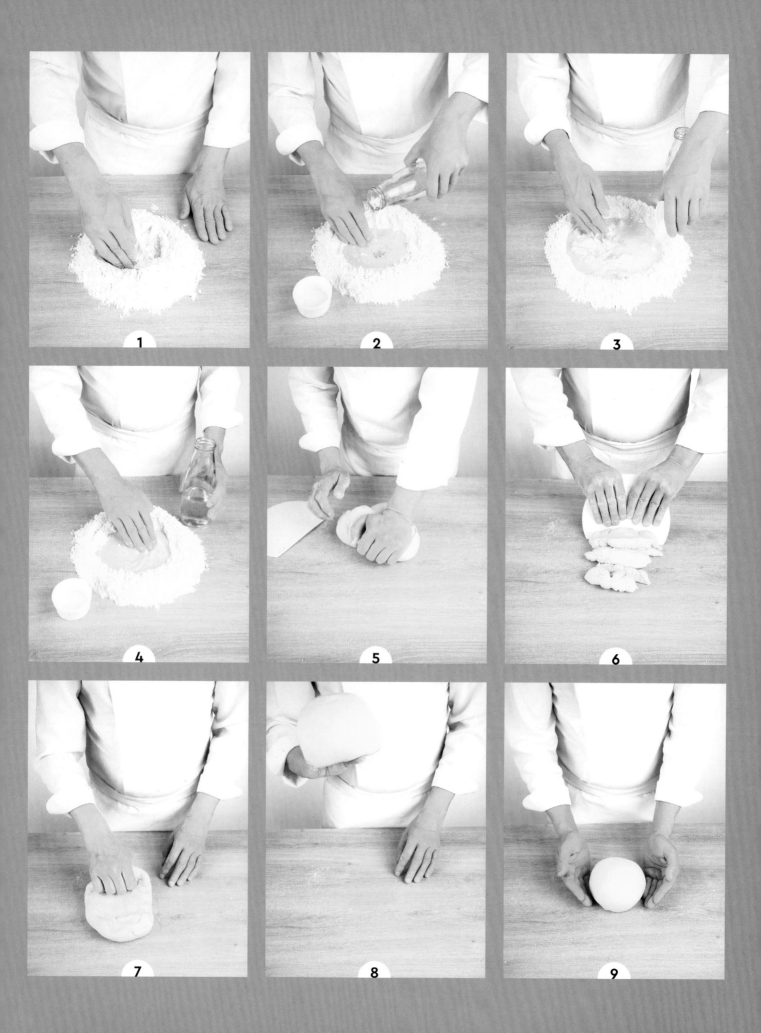

PÉTRIR LA PÂTE À LA MAIN 手揉麵團

- 將麵粉倒在工作檯上,挖成凹槽 **(1)**。將酵母弄碎,用水拌開 **(2)**。加入鹽 **(3)**。
- 用手指以畫圈方式逐量將麵粉帶至中央混合 **(4)**。
- 均勻混合麵粉、水、酵母和鹽(初步混合),接著揉麵:揉成團狀,壓扁並對摺,接著再度揉成團狀,再度壓扁,就這樣持續揉麵 **(5)**。
- 將麵團揉至均勻後,用刮板切開,以形成麵筋網絡 **(6)**。重複同樣的動作,直到麵團變得難以切開。
- 用手抓著麵團摔打向桌面並拉伸,接著快速對折,盡可能混入最多的空氣(膨脹 soufflage)。重複這個動作數次,直到麵團變得更平滑且較不黏 **(7)(8)**。
- 將揉好的麵團整形成球狀 **(9)**。

LE BASSINAGE 後加水法

這個步驟指的是在揉麵的最後,在含水量不足的麵團中加入少量的液體,通常是水。後加水法可使麵團軟化,並讓麵筋網絡鬆弛。通常不是所有的麵團都會使用後加水法,主要用於缺乏麵筋的麵團,例如麩質含量低的麵粉。

LE POINTAGE 基本發酵(一次發酵)

這是介於停止揉麵和將麵團分割之間的發酵時期。基本發酵的作用是透過改變麩質的物理特性,為麵團賦予筋度。在這個過程中,麩質變得更堅韌有彈性,但延展性較差。基本發酵的作用也在於透過發酵培養香氣。

如果麵團是軟的,基本發酵的時間就會較長。相反地,如果麵團是較硬的,基本發酵的時間就較短。

LE RABAT 翻麵

這道程序是在進行折疊之前先對麵團進行拉伸。在進行翻麵時,會將麵團的每一邊朝中央折起,為麵團進行排氣,接著再翻面,讓平滑面朝上,摺痕在下。

因而在排出二氧化碳(CO_2)和酒精的同時也混入空氣,讓麵團變得光滑,並再度進行發酵。

翻麵的好處是可以延展麩質纖維,並得以繼續建構麵筋網絡,彈性因而增加,麵團的形狀更為均勻,有利於均勻發酵和筋度的良好分布。

LA DIVISION 分割

通常會在基本發酵後將麵團分割為等重的多個麵團。

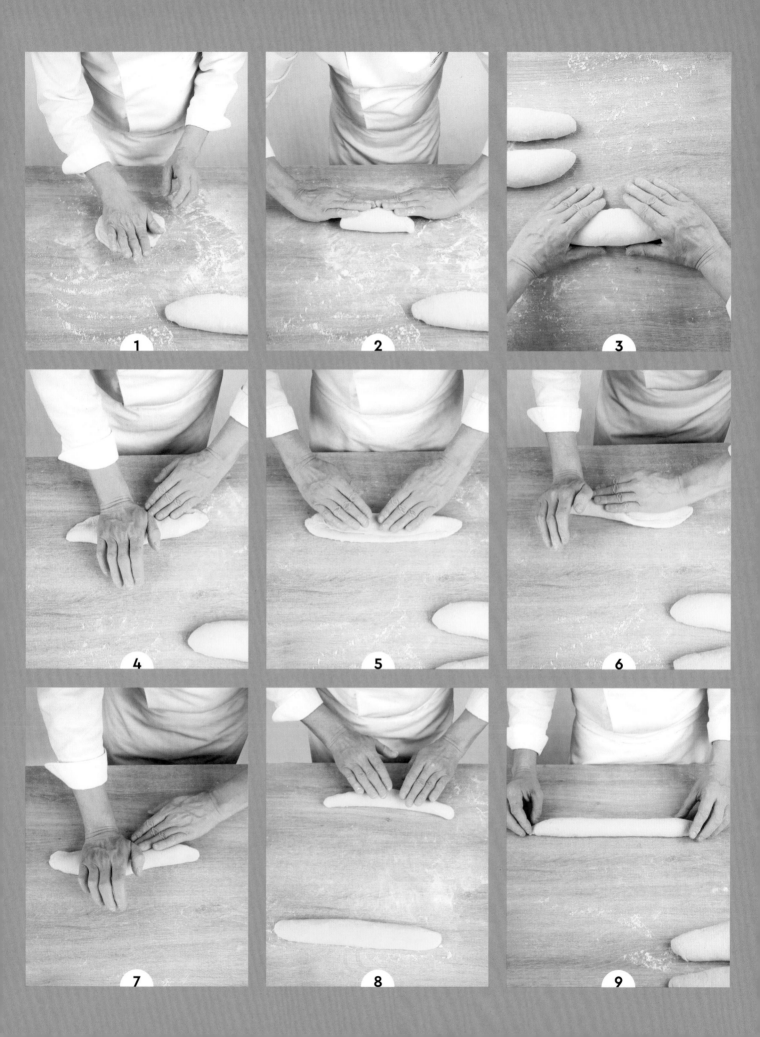

PRÉFAÇONNER ET FAÇONNER UN PAIN EN FORME LONGUE
長橢圓形麵包的初步成形與整形

- 將麵團擺在工作檯上，光滑面朝下，用掌心壓扁以排氣 **(1)**。

- 將麵團上方1/3朝中央折起，用手指按壓邊緣。將麵團轉180°，將對面1/3朝中央折起，用手指按壓邊緣 **(2)**。

- 將麵團的長邊對折，用手掌根部將邊緣密合，並用極輕的力道滾成長橢圓形 **(3)**。就這樣將麵團初步成形為長橢圓形。

- 鬆弛後，再次將麵團拿起，光滑面朝下擺放，用掌心壓扁以排氣。將上緣朝中央折起，用手掌根部按壓密合 **(4)**。

- 將麵團轉180°，將上緣朝中央折起，用手掌根部按壓密合。

- 將麵團從長邊對折 **(5)**。用手掌根部將收口處徹底按壓密合 **(6)(7)**。

- 為了將麵包整成長棍狀，請來回滾動搓長至形成長棍形 **(8)(9)**。

LE PRÉFAÇONNAGE (OU MISE EN FORME)
初步成形（或調整形狀）

初步成形是一種選擇性的製程，目的是方便之後整形，可讓麵團形成規則的形狀，並為之後整形的形狀做好準備，麵團不必過於緊實。

長棍和長橢圓形麵包可預先將麵團調整為長條；而巴塔（bâtards）、橢圓形及小型麵包可初步成形為球狀。對於軟麵團或缺乏筋度的麵團，以及在製作「球形」和圓環形麵包時，我們會使用名為「滾圓 boulage」的技術。即是將麵團壓成圓餅狀，將外緣麵皮朝中央折起，將麵團翻面，讓密合處朝

下，光滑面朝上。接著用手轉動形成的麵球，同時將麵團向下收緊。

請注意，有些圓麵包會在沒有經過這道事先的初步成形階段，就直接整形成球狀（如：蕎麥圓麵包）。

LA DÉTENTE 鬆弛

這是初步成形和整形之間的靜置時期。鬆弛有利於延展和整形，可避免麵團撕裂。取決於麵團的筋度和之前操作的強度而定，這個步驟會持續10至45分鐘。麵團在鬆弛期間仍持續發酵。

LE FAÇONNAGE 整形

亦稱「tourne」，整形可為麵團賦予明確的形狀，這個製程有時需要使用特定的器材（擀麵棍、剪刀、模具、烤盤、藤籃等）。

依產品而定，整形可長可短，可鬆可緊，麵團撒上的麵粉亦可多可少。分為三個階段：排氣、折疊和延展。

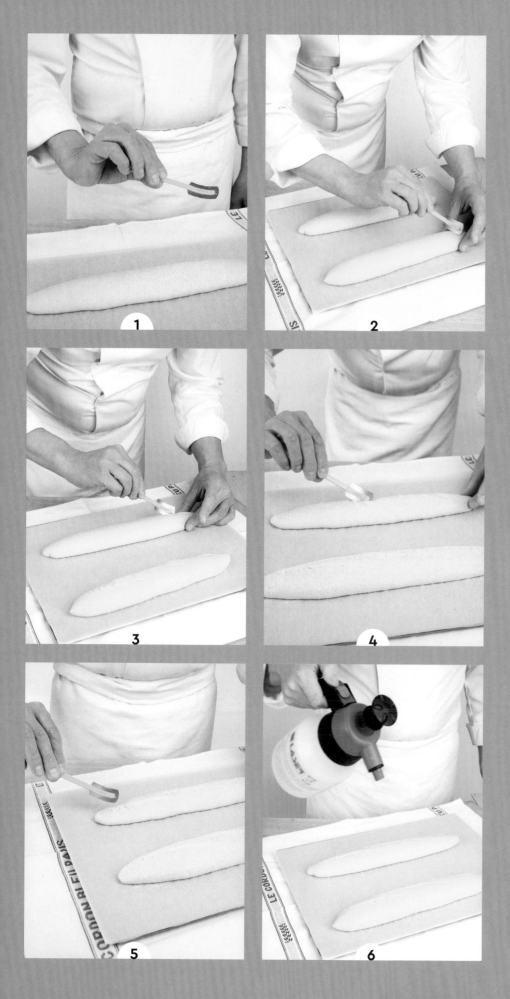

LAMER LES PÂTONS
在麵團上劃切割紋

- 用拇指和食指輕握刀柄，保持靈活 **(1)**。

- 用另一隻手輕輕固定麵團，接著輕輕劃出割紋 **(2)(3)**。靈活地握著刀柄，在麵團表面劃出規則的割紋，動作俐落，以免使麵團受損 **(4)**。

- 每劃完一道割紋，就將刀輕輕提起，以免麵團受損 **(5)**。

- 劃完割紋後，為麵團噴水再放入烤箱 **(6)**。

L'APPRÊT 最後發酵

最後的發酵階段，這是介於整形和烘烤之間的步驟：麵團「已準備好 s'apprête」送入烤箱。最後發酵在常溫下可持續20分鐘至4小時，冷藏可達72小時。

LE LAMAGE 裝飾加工（或劃切割紋）

裝飾加工指的是烘烤前，在麵團上劃切割紋。就像是麵包師的簽名，但不僅僅如此而已。裝飾加工讓發酵時產生的氣體，以及麵團存有的水分得以均勻排出，讓麵團維持形狀。若沒有裝飾加工，氣體無法均勻排出，可能會導致產品變形。

在烘烤過程中，麵包上的切口將賦予麵包明確的形狀和最終外觀。為了讓麵包內外皆美，麵包外層必須呈現完整且規則的裂紋（麵包師的簽名）。

麵團上的切口主要是使用特殊刀、剃刀⋯這些刀具必須永遠保持潔淨。為了形成完美的割紋，下刀必須靈活且熟練，形成規則且長度一致的切口。如果是長棍，切口的割紋將覆蓋麵團的整個長邊，而且每條割紋至少1/3水平交疊。必須盡量在麵團表面劃出筆直的割紋，裂口（麵團切割處在烘烤時膨脹的開口）才能盡可能勻稱。

劃切的深度取決於麵團的筋度和發酵程度。如果麵團發得不夠，切口就會較深，反之，如果麵團缺乏筋度或膨脹度較高，切口就會較淺。

LA CUISSON ET LE RESSUAGE 烘烤與散熱

這是製作麵包的最後兩個步驟。為了進行適當的烘烤，我們將烤箱預熱至少30分鐘，以產生足夠的熱度。接著視需求篩撒上麵粉，並為麵包劃切割紋後再送入烤箱。

在麵團經適度發酵後送入烤箱。如果膨脹得不夠，就會缺乏柔韌度（在烘烤時彎曲變形）。反之，如果過度膨脹，麵筋網絡將會斷裂（在烘烤時塌陷）。

麵包的烘焙主要會使用自然對流模式，因為來自烤箱底部和頂端的熱源穩定。旋風模式較適用於維也納麵包的烘焙。

散熱是烘烤後的步驟，將熱麵包擺在網架上，讓多餘的水分逸出，以免麵包外層變軟。

Les méthodes d'enfournement
放入烤箱的方式

• **L'enfournement à la pelle** 用鏟子放入烤箱。可用鏟子將麵團一一擺在預熱的烤盤上。將發酵布稍微提起，將麵團翻面落在鏟子上，接著再將麵團翻面落在熱烤盤上。

• **L'enfournement sur plaque** 用烤盤放入烤箱。使用烤盤可減少步驟。若要使用家用烤箱進行烘烤，最好先將烤盤預熱，再用手或鏟子輕輕擺上麵團。

La vapeur (buée) 蒸氣（水氣）

麵包一放入烤箱，就必須將水氣或水蒸氣注入。這是麵包烘焙不可或缺的元素。

首先，蒸氣可使麵包外層保持相當的柔軟度，讓麵團得以在烤箱中延展膨脹。少了蒸氣，會太早形成麵包外層，而麵包內側也無法適當地發展。此外，水蒸氣會限制麵團內所含水分的蒸發。最後，蒸氣讓麵包外層得以焦糖化、帶有光澤且充分膨脹。

ASTUCE 訣竅：對於沒有蒸氣功能的家用烤箱，在放入烤箱烘烤時，可為麵團噴上水。

Les étapes de la cuisson 烘焙步驟

在麵包的製作中，烘焙指的是麵團經發酵後轉化為穩定的產品（麵包）。在烘焙過程中，麵團會經歷幾個化學和物理的轉化階段。

• **La phase de développement** 發酵膨脹階段。麵包的體積增加。麵團中的酵母會將糖分解成二氧化碳（CO_2）。從50℃起，酵母遭到破壞，因而停止生成二氧化碳。

• **La phase de coloration** 上色階段。酶的降解會導致麵包外層的焦糖化，澱粉的凝結可讓麵包內側形成結構。

• **La phase de séchage** 乾燥階段。麵包中的部分水分蒸發，有利於形成結實的麵包外層和不黏的麵包內側，致使麵包重量減輕。

La vérification de la cuisson du pain
確認麵包的熟度

烘烤時間取決於麵包的重量、大小和形狀。麵包師可輕輕按壓麵包的側邊來評估烘烤狀況：麵包外層應結實酥脆，如果用指尖輕敲麵包的底部，會發出空洞聲。

LES POINTS À RESPECTER POUR UNE BONNE CUISSON DU PAIN
出色烘焙麵包的注意事項

• 兩次烘烤之間讓烤箱空置非常重要，以便讓爐底（烤箱底部的加熱部分）能夠恢復足夠的熱度。

• 烘烤不足的麵包難以消化且味道不佳。即便如此，雖然將麵包烤熟很重要，但也不要過度烘烤，以免麵包太乾。

• 大型麵包的烘焙最好是以（遞減）降溫的方式進行，而小麵包則是以高溫烘焙。

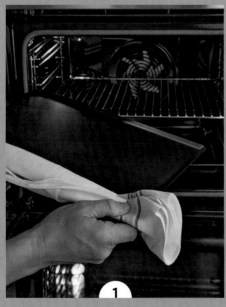

ENFOURNER
ET FAIRE CUIRE LE PAIN
將麵包送入烤箱烘烤

- 將烤盤放在烤箱中央預熱。用乾毛巾或手套保護你的手,接著將熱烤盤從烤箱中取出 (1),放在網架上。

- 如果麵包是在棉布或麻布上進行發酵,可輕輕將發酵布提起,用鏟子(取板)將麵團翻面,接著將麵團倒置或擺在鋪有烤盤紙的熱烤盤上 (2)。

- 如果麵包是在鋪有烤盤紙的烤盤上發酵,可抓住紙的邊緣,輕輕將麵團滑至熱烤盤上 (3)。

- 放入烤箱時,為麵團噴水,接著在烤箱底部預熱的滴油盤內加入3個大冰塊,以產生蒸氣 (4)。

- 出爐時,將麵包擺在網架上,讓多餘的水分逸出,以免麵包外層變軟。

L'évolution du pain après la cuisson
麵包在烘烤後的變化

- **Le défournement** 出爐。將麵包從烤箱中取出時,必須輕輕擺在網架上,而不要和其他麵包接觸,因為麵包外層是熱的,而且還很脆弱。

- **Le ressuage** 冷卻散熱。這是麵包從烤箱取出後開始冷卻的時間。水分散逸,導致重量下降2%。在此現象時,由於烤箱與麵包坊的溫度落差,麵包外層會稍微脫落。散熱的時間會因麵包的大小和形狀而異:麵包越大,散熱的時間就越長。

- **Le rassissement** 老化。無論將麵包保存在何種環境下,都無可避免會發生老化的自然現象。麵包外層會變軟,或是相反地變硬。就味覺的層次來說,麵包的味道流失。而老化會因幾項因素而有所不同:大型麵包比長棍更慢老化,以液種或發酵種的麵包也是。

Les défauts
de la pâte
麵團的缺陷

在麵包製作過程中，麵團有時會出現可以補救或無法挽救的缺陷。麵包師必須對麵粉有充分的瞭解，知道麵團可能存有的缺陷，以及如何補救。

DÉFAUTS LIÉS À LA FARINE UTILISÉE
與使用麵粉有關的缺陷

在開始使用麵粉之前，必須先瞭解麵粉的特性。此外，麵粉也可能有異狀，在這種情況下，就會影響麵團的品質，也進而影響到麵包的品質。

• **Farine trop fraîche** 過於新鮮的麵粉：麵團鬆弛、麵包膨脹度不足、割紋裂開、外皮呈現紅色。

• **Farine trop vieille** 過於陳舊的麵粉：麵團太乾硬、麵包膨脹度不足。

MODIFICATION DE LA FORCE 筋度的修正

在製作麵包的過程中，某些因素（不論是否為預期效果）會改變麵團的筋度。

• 可增加麵團筋度的因素：
– 水溫較高；
– 酵母較多；
– 更緊密的整形；
– 基本發酵時間較長；
– 麵團較硬。

• 會減少麵團筋度的因素：
– 水溫較低；
– 酵母較少；
– 基本發酵時間較短；
– 麵團較軟。

UNE PÂTE QUI RELÂCHE 鬆軟麵團

在揉麵時特別結實，但會在鬆弛期間變軟。在進行基本發酵時會滲水（出水 rend de l'eau）。出爐後，麵包會發紅，而且膨脹度不足。

導致這種狀況的主要原因為：
– 小麥麩質含量低且品質差；
– 麵團的水分過多。

為了修正問題，你必須：
– 增加基本發酵的時間，為麵團賦予筋度；
– 進行翻麵。

UNE PÂTE TROP FERME 過硬的麵團

摸起來很硬且易碎。可能會結皮且發酵不足。

導致這種狀況的主要原因為：
– 秤重錯誤；
– 麵粉過乾；
– 麵團水分不足。

為了修正問題，你必須：
– 減少基本發酵時間；
– 減少撒麵粉（手粉）的量；
– 不要滾圓。

UNE PÂTE TROP COURTE
麵團結實度不足

不夠厚實、柔軟且缺乏彈性,會在揉麵時撕裂。在發酵過程中,麵團會結皮和破裂,也可以說形成泥土般的質地。烘烤後的麵包無法明顯上色。

導致這種狀況的主要原因為:

– 使用太舊的麵粉;

– 麵團太硬或過熱;

– 基本發酵的時間太長。

為了修正問題,你必須:

– 製作較軟的麵團;

– 減少鬆弛時間;

– 以較低的溫度烘烤。

LES PRINCIPAUX DÉFAUTS
DU PAIN 麵包的重大缺失

• 麵包不夠上色且外型扁平(缺乏筋度且過度膨脹)。

• 麵包很圓或呈拱形(烘烤期間沒有適當延展)。

• 麵團太硬(蒸氣不足、烤箱不夠熱)。

• 麵包無光澤(揉麵有問題、過度出筋、發酵出問題、鹽或蒸氣不足)。

• 麵包裂紋不足,缺乏麵包師的割紋特色(過度出筋、整形不當、最後發酵時間過長、蒸氣過多)。

Le matériel
器材

LE PÉTRIN 揉麵機

揉麵機是製作麵包器材中不可或缺的一部分，作用是確保形成規則且均勻的混合物。如果是在家製作麵包，家用的電動攪拌機可能非常合適。如有需要，可仿效專業揉麵機提升速度（例如專業揉麵機的速度1可對應家用電動攪拌機的速度3）。

LES APPAREILS DE REPRODUCTION DU FROID 製冷設備

• **Le réfrigérateur** 冰箱。可將備料保持在介於0至8℃之間非零下的低溫，因此可在短時間（幾天）內減緩發酵的速度。

• **Le congélateur** 冷凍庫。冷凍可讓麵團快速凝固，並使食材快速冷卻，以利後續使用。請注意，冷凍會導致結晶的形成，並改變產品的細胞結構。

• **Le surgélateur** 急凍箱。快速冷凍可以非常迅速的降低溫度（在幾分鐘內從0到-40℃），使食材穩定在原始狀態，並可在解凍過程中保持食材的質地和結實度。

L'ÉTUVE 發酵箱

專業人士使用，專門設計的發酵箱，來控制產品的溫度、濕度和發酵時間。

LE FOUR 烤箱

若要仿效麵包師的層爐烤箱，可先將烤盤預熱後再擺上麵團，也可使用鑄鐵鍋。

LE PETIT MATÉRIEL 小型器材

• **Balance** 料理秤。為了食材的精準秤重，電子秤是理想的選擇，也用於分割備料和麵團。

• **Brosse à farine** 麵粉刷。對於去除表面或麵團上的麵粉非常有用。

• **Corne** 刮板。非常適合用於手工揉麵時切割麵團、清理工作檯上的食材，或將容器裡的內容物刮出。

• **Lame** 割紋刀。在將麵團放入烤箱之前，麵包師用來劃切割紋的刀非常重要。由刀柄和不會破壞麵團的刀片所組成。

• **Linge ou toile** 亞麻布或棉布。被專業人士稱為「發酵布」，通常由天然亞麻製成，可乾可濕地蓋在麵團上保護麵團，並在發酵過程中固定麵團。

• **Pelle** 鏟子（取板）。用來輔助將麵團移至烤箱的平坦木板。

• **Rouleau à pâtisserie** 擀麵棍。在許多配方中用來擀壓麵團。

• **Thermomètre de cuisson** 料理溫度計。用於檢查備料和烘烤的溫度。

COMMENT REPRODUIRE LES CONDITIONS D'UNE ÉTUVE
如何複製發酵箱條件

可複製一個環境，提供在家發酵麵團所需的熱度和濕度。

• 將1鍋水煮沸，接著放至熄火的烤箱中。

• 備妥料理溫度計，每30分鐘確認一次烤箱溫度，以確保烤箱內的溫度介於22和25℃之間，而維也納麵包的發酵溫度介於25和28℃之間。如果溫度下降，可再加入沸水以利良好的發酵，而不會使麵團變得乾燥。

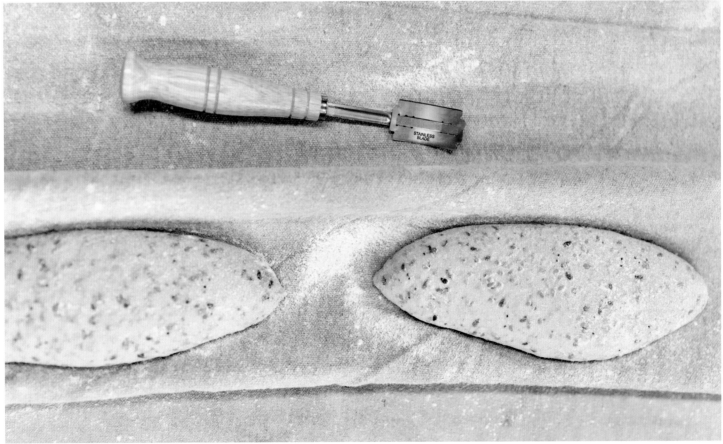

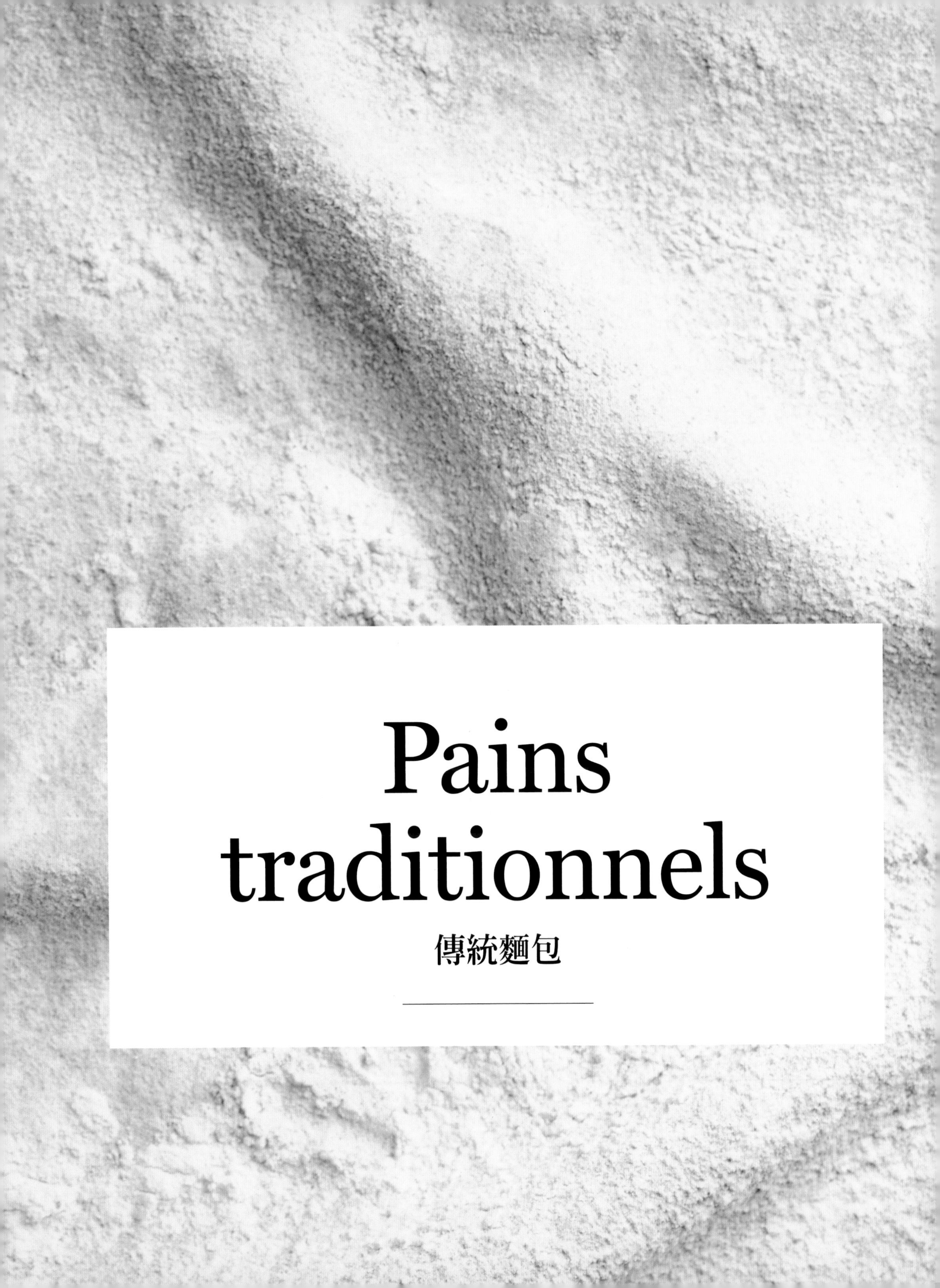

Pains traditionnels

傳統麵包

———————

Baguette de tradition française en direct sur levain dur
硬種直接法傳統法式長棍

Baguette de tradition française en pointage retardé sans préfermentation
無預發冷藏發酵傳統法式長棍

Baguette de tradition française en direct sur levain dur
硬種直接法傳統法式長棍

Baguette sur polish
液種長棍麵包

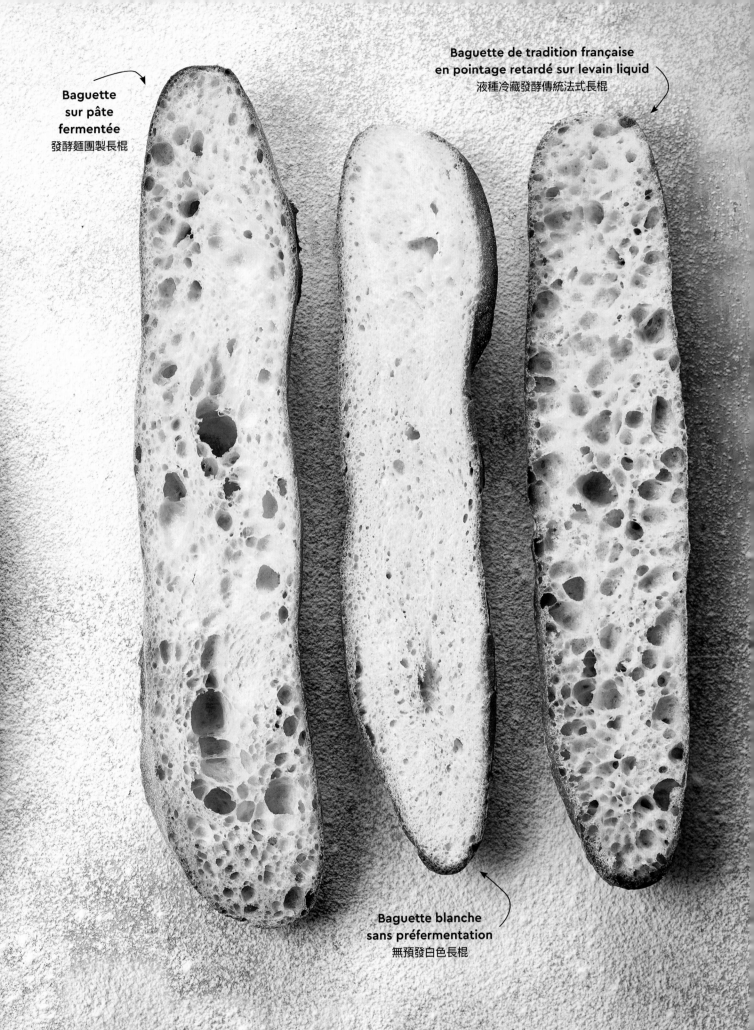

Baguette sur pâte fermentée
發酵麵團製長棍

Baguette de tradition française en pointage retardé sur levain liquid
液種冷藏發酵傳統法式長棍

Baguette blanche sans préfermentation
無預發白色長棍

Baguette

blanche sans préfermentation

無預發白色長棍

難度 ♤

備料：10分鐘 • **發酵**：1小時40分鐘 • **烘烤**：20至25分鐘
• **基礎溫度**：75

3個長棍

T55麵粉500克 • 新鮮酵母10克 • 水310克 • 鹽9克

PÉTRISSAGE 揉麵

- 將麵粉倒在工作檯上。在中央挖出凹槽，放入弄碎的酵母，用水拌開。加入鹽。
- 用手以繞圈方式逐量將麵粉帶到中央混合 (1)。
- 揉麵約10分鐘，一邊用刮板切割，以形成麵筋網絡 (2)(3)(4)。揉至麵團攪拌完成溫度23至25℃之間。

POINTAGE 基本發酵

- 爲麵團加蓋，在常溫下發酵20分鐘。

DIVISION ET FAÇONNAGE 分割與整形

- 將麵團分爲3個每個約270克的麵團。將每塊麵團初步成形爲長橢圓形 (5)（見42至43頁）。鬆弛20分鐘。
- 完成長棍的整形 (6)，將麵團擺在撒有麵粉的發酵布上。

APPRÊT 最後發酵

- 蓋上濕發酵布，在常溫下發酵1小時。

CUISSON 烘烤

- 將30×38公分的烤盤擺在烤箱中央高度位置，以自然對流模式將烤箱預熱至240℃。
- 將熱烤盤取出，擺在網架上。用鏟子輕輕擺上麵團，接著用刀在表面劃出3道割紋。
- 直接放入烤箱，加入蒸氣（見50頁），烤20至25分鐘。
- 出爐後，讓長棍在網架上散熱冷卻。

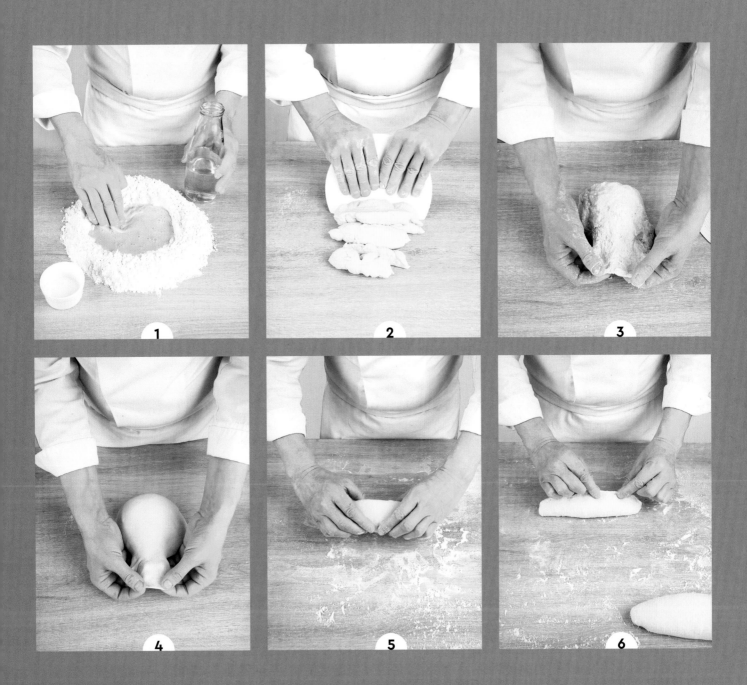

Baguette

sur pâte fermentée

發酵麵團製長棍

難度 ♡

前1天 備料：10分鐘・發酵：30分鐘・冷藏：12小時
當天 備料：10分鐘・發酵：2小時20分鐘・烘烤：20至25分鐘
・基礎溫度：54

3個長棍

發酵麵團100克
....
T55麵粉400克・鹽8克・新鮮酵母4克・水260克

PÂTE FERMENTÉE 發酵麵團（前1天）

- 製作發酵麵團，冷藏至隔天（見33頁）。

PÉTRISSAGE 揉麵（當天）

- 在電動攪拌機的攪拌缸中放入麵粉、鹽、酵母和水 **(1)**。以慢速攪拌4分鐘。加入100克切成小塊的發酵麵團 **(2)**，接著以中速揉麵6分鐘。揉至麵團攪拌完成溫度23至25℃之間。

POINTAGE 基本發酵

- 將麵團從攪拌缸中取出，加蓋，在常溫下發酵1小時 **(3)**。

DIVISION ET FAÇONNAGE 分割與整形

- 將麵團分為3個每個約250克 **(4)**。將每塊麵團初步成形為長橢圓形（見42至43頁）。鬆弛20分鐘。

- 完成長棍的整形，將麵團擺在發酵布上。

APPRÊT 最後發酵

- 蓋上濕發酵布，在常溫下發酵1小時。

CUISSON 烘烤

- 將30×38公分的烤盤擺在烤箱中央高度位置，以自然對流模式將烤箱預熱至240℃。

- 將熱烤盤取出，擺在網架上。用鏟子輕輕擺上麵團，接著用刀在表面劃出3道割紋。直接放入烤箱，加入蒸氣（見50頁），烤20至25分鐘。

- 出爐後，讓長棍在網架上散熱並冷卻。

Baguette
sur poolish
液種長棍麵包

難度 ☐☐☐

前1天 **備料**：5分鐘 • **冷藏**：12小時
當天 **備料**：10分鐘 • **水合**：30分鐘 • **發酵**：2小時5分鐘至2小時15分鐘 • **烘烤**：20至25分鐘
• **基礎溫度**：54

2個長棍

POOLISH 液種／波蘭種
T65麵粉30克 • 水30克 • 新鮮酵母0.3克

AUTOLYSE 水合
T65麵粉270克 • 水175克

PÉTRISSAGE FINAL 最後揉麵
鹽5克 • 新鮮酵母1克 • 水10克

POOLISH 液種（前1天）

• 製作液種，冷藏至隔天（見32頁）。

AUTOLYSE 水合（當天）

• 在電動攪拌機的攪拌缸中倒入麵粉和水。以慢速攪拌至形成麵團 **(1)**。加蓋，讓麵團在攪拌缸中靜置30分鐘。

PÉTRISSAGE FINAL 最後揉麵

• 在水合麵團中加入鹽和酵母。用水濕潤碗壁將60.3克的液種取出，放入攪拌缸中 **(2)**。以慢速攪拌5分鐘，接著再以中速揉麵2分鐘。揉至麵團攪拌完成溫度23至25℃之間 **(3)**。

POINTAGE 基本發酵

• 爲麵團加蓋，靜置發酵20分鐘。

• 將麵團從攪拌缸中取出，在工作檯上進行翻麵。蓋上濕發酵布，在常溫下發酵40分鐘。

DIVISION ET FAÇONNAGE 分割與整形

• 將麵團分爲2個每個約260克。將每塊麵團初步成形爲長橢圓形（見42至43頁）。鬆弛20分鐘。

• 完成長棍的整形，將麵團擺在發酵布上。

APPRÊT 最後發酵

• 蓋上發酵布，在常溫下膨脹45分鐘至1小時。

CUISSON 烘烤

• 將30×38公分的烤盤擺在烤箱中央高度位置，以自然對流模式將烤箱預熱至240℃。

• 將熱烤盤取出，擺在網架上。用鏟子輕輕擺上麵團，接著用刀在表面劃出3道割紋。直接放入烤箱，加入蒸氣 **(4)**（見50頁），烤20至25分鐘。

• 出爐後，讓長棍在網架上散熱並冷卻。

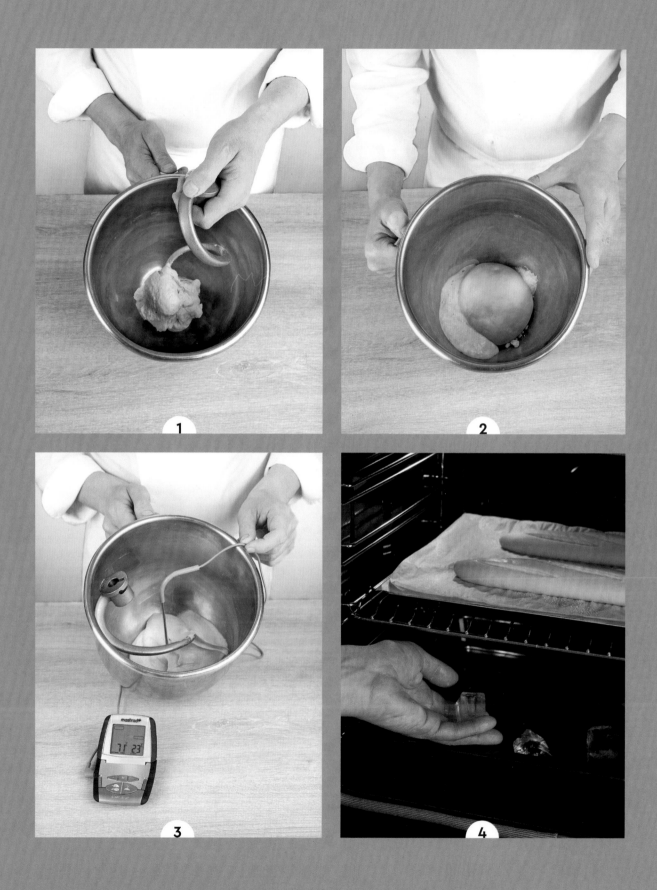

Baguette
de tradition française en direct sur levain dur
硬種直接法傳統法式長棍

難度 ♔ ♔ ♕

這款麵包需要花4天的時間形成硬種／固體發酵種。

前1天 備料：10分鐘・發酵：2小時・冷藏：12至48小時
當天 備料：8至10分鐘・水合：1小時・發酵：2小時35分鐘・烘烤：20至25分鐘
・基礎溫度：68

2個長棍

硬種／固體發酵種50克

AUTOLYSE 水合
法國傳統麵粉250克・水162克

PÉTRISSAGE 揉麵
鹽5克・新鮮酵母1克・後加水（bassinage）25克

LEVAIN DUR 硬種／固體發酵種（預計4天）

• 用液態酵母種為基底製作硬種（見36頁）。

LEVAIN DUR 硬種／固體發酵種（前1天）

• 餵養硬種（見36頁），冷藏至隔天。

AUTOLYSE 水合（當天）

• 在電動攪拌機的攪拌缸中倒入麵粉和水。以慢速攪拌至形成麵團，加蓋，在攪拌缸中靜置1小時。

PÉTRISSAGE 揉麵

• 在水合麵團中加入鹽、酵母和50克切成小塊的硬種。以慢速揉麵8至10分鐘。在最後2分鐘緩緩倒入後加水（bassinage）。揉至麵團攪拌完成溫度23至25℃之間。

POINTAGE 基本發酵

• 將麵團從攪拌缸中取出，放入加蓋容器中 **(1)**。在常溫下發酵1小時15分鐘。

DIVISION ET FAÇONNAGE 分割與整形

• 將麵團分為2個每個約240克。將每塊麵團初步成形為長橢圓形 **(2)**（見42至43頁）。鬆弛20分鐘。

• 完成長棍的整形，將麵團擺在發酵布上 **(3)**。

APPRÊT 最後發酵

• 蓋上發酵布，在常溫下發酵1小時。

CUISSON 烘烤

• 將30×38公分的烤盤擺在烤箱中央高度位置，以自然對流模式將烤箱預熱至240℃。

• 將熱烤盤取出，擺在網架上。用鏟子輕輕擺上麵團，接著用刀在表面劃出3道割紋。直接放入烤箱，加入蒸氣（見50頁），烤20至25分鐘。

• 出爐後，讓長棍在網架上散熱並冷卻 **(4)**。

Baguette

de tradition française en pointage retardé sans préfermentation

無預發冷藏發酵傳統法式長棍

難度 ♢

前1天 備料：13分鐘・水合：1小時・發酵：30分鐘・冷藏：12小時
當天 發酵：1小時5分鐘至1小時20分鐘・烘烤：20至25分鐘
・基礎溫度：54

2個法式長棍

AUTOLYSE 水合
傳統法國麵粉300克・水195克

PÉTRISSAGE FINAL 最後揉麵
鹽5克・新鮮酵母2克・後加水（bassinage）15至30克

FINITION 最後修飾
麵粉・細磨小麥粉（Semoule fine）

AUTOLYSE 水合（前1天）
• 在電動攪拌機的攪拌缸中倒入麵粉和水。以慢速攪拌3分鐘，直到麵粉吸收水分。加蓋，在攪拌缸中靜置1小時。

PÉTRISSAGE FINAL 最後揉麵
• 在水合麵團中加入鹽和酵母，以慢速揉麵10分鐘。在最後2分鐘緩緩倒入後加水（bassinage），麵團攪拌完成溫度22℃。

POINTAGE 基本發酵
• 爲麵團加蓋，在常溫下發酵30分鐘。

• 將麵團從攪拌缸中取出，進行翻麵 **(1)**，接著放入加蓋容器中，冷藏至隔天 **(2)**。

DIVISION ET FAÇONNAGE 分割與整形（當天）
• 將麵團分爲2個每個約260克 **(3)**，將每塊麵團初步成形爲長橢圓形（見42至43頁）。鬆弛20分鐘。

• 完成長棍的整形。將麵團擺在撒有混合了麵粉和細磨小麥粉的發酵布上，密合處朝上 **(4)**。

APPRÊT 最後發酵
• 在常溫下發酵45分鐘至1小時。

CUISSON 烘烤
• 將30×38公分的烤盤擺在烤箱中央高度位置，以自然對流模式將烤箱預熱至240℃。

• 將熱烤盤取出，擺在網架上。用鏟子輕輕擺上麵團，接著用刀在表面劃出3道割紋。直接放入烤箱，加入蒸氣（見50頁），烤20至25分鐘。

• 出爐後，讓長棍在網架上散熱並冷卻。

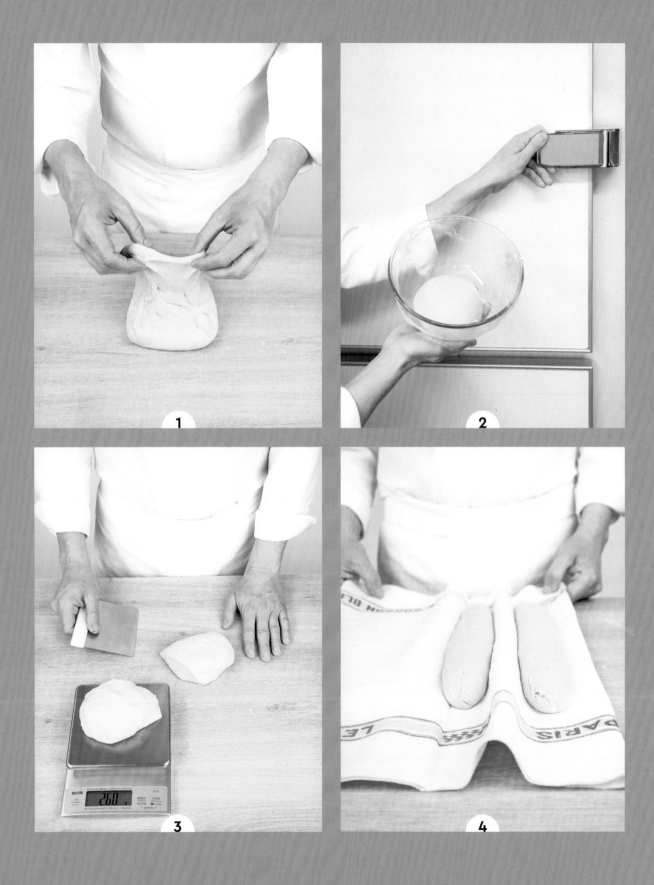

Baguette

de tradition française en pointage retardé sur levain liquide

液種冷藏發酵傳統法式長棍

難度 ♙ ♙

這款麵包需要花4天的時間形成液態酵母種。

前1天或前2天 備料：20分鐘・水合：30分鐘
・發酵：30分鐘・冷藏：12至24小時
當天 備料：10分鐘・發酵：1小時5分鐘・烘烤：20至25分鐘
・基礎溫度：54

2個法式長棍

液態酵母種38克

AUTOLYSE 水合
傳統法國麵粉250克 ・ 水163克

POINTAGE 最後揉麵
鹽4克・新鮮酵母2克・後加水（bassinage）12克

FINITION 最後修飾
麵粉・細磨小麥粉（Semoule fine）

LEVAIN LIQUIDE 液態酵母種（預計**4天**）

• 製作液態酵母種（見35頁）。

AUTOLYSE 水合（前**1天**或前**2天**）

• 在電動攪拌機的攪拌缸中倒入麵粉和水。以慢速攪拌至麵粉吸收水分 **(1)**。加蓋，讓麵團在攪拌缸中靜置30分鐘。

POINTAGE 最後揉麵

• 在水合麵團中加入鹽、酵母和液態酵母種。以慢速揉麵8至10分鐘。在最後2分鐘緩緩倒入後加水 **(2)**。麵團攪拌完成溫度22℃。

POINTAGE 基本發酵

• 為麵團加蓋，在常溫下發酵30分鐘。將麵團從攪拌缸中取出，進行翻麵 **(3)**，接著放入加蓋容器中，冷藏12至24小時。

DIVISION ET FAÇONNAGE 分割與整形（當天）

• 將麵團分為2個每個約230克。將每塊麵團初步成形為長橢圓形（見42至43頁）。鬆弛20分鐘。

• 完成長棍的整形。將麵團擺在撒有混合了麵粉和細磨小麥粉的發酵布上，密合處朝上 **(4)**。

APPRÊT 最後發酵

• 在常溫下發酵45分鐘。

CUISSON 烘烤

• 將30×38公分的烤盤擺在烤箱中央高度位置，以自然對流模式將烤箱預熱至240℃。

• 將熱烤盤取出，擺在網架上。用鏟子為麵團輕輕翻面，正面擺在烤盤上，接著用刀在表面劃出3道割紋。直接放入烤箱，加入蒸氣（見50頁），烤20至25分鐘。

• 出爐後，讓長棍在網架上散熱並冷卻。

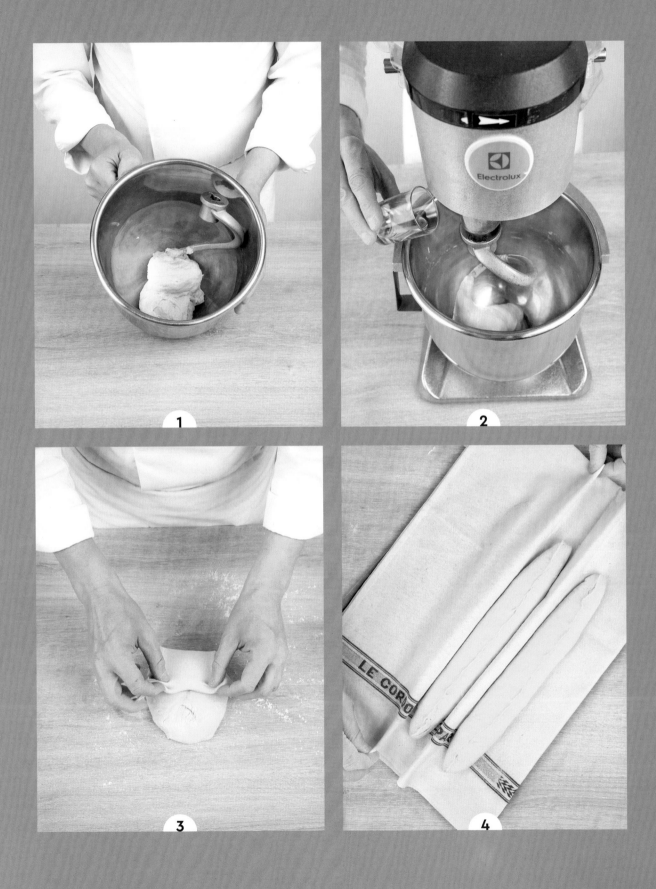

Baguette viennoise
維也納長棍

難度 ♧

前1天 備料：10分鐘・冷藏：12小時
當天 備料：12至14分鐘・發酵：2小時30分鐘・烘烤：20至25分鐘・基礎溫度：60

3個長棍

維也納發酵麵團45克

PÉTRISSAGE 揉麵

T45精白麵粉300克・新鮮酵母8克・鹽6克・糖18克・蛋40克（1/2大顆）・牛乳150克

FINITION 最後修飾

蛋1顆＋蛋黃1顆，一起打散・室溫回軟的奶油30克

PÂTE FERMENTÉE VIENNOISE 維也納發酵麵團（前1天）
- 製作維也納發酵麵團，冷藏至隔天（見33頁）。

PÉTRISSAGE 揉麵（當天）
- 在電動攪拌機的攪拌缸中放入麵粉、酵母、鹽、糖、蛋、牛乳和45克切成小塊的維也納發酵麵團。以慢速攪拌4分鐘，接著再以高速揉麵8至10分鐘。揉至形成25℃的麵團。

POINTAGE 基本發酵
- 為麵團蓋上濕的發酵布，在常溫下發酵20分鐘。

DIVISION ET FAÇONNAGE 分割與整形
- 將麵團分為3個每個約190克。將每塊麵團初步成形為長橢圓形（見42至43頁），鬆弛10分鐘。

- 整形成7折（見42頁），非常緊實的長棍狀。將麵團擺在30×38公分，且鋪有烤盤紙的烤盤上。在麵團上劃切割紋（見44頁），並刷上蛋液。

APPRÊT 最後發酵
- 在25℃的發酵箱中靜置發酵2小時（見54頁）。

CUISSON 烘烤
- 將烤箱以旋風模式預熱至210℃，麵團再度刷上蛋液，放入烤箱中間高度的位置，烤20至25分鐘。

- 出爐後，將維也納長棍擺在網架上，刷上奶油。

變化版

Baguette viennoise au chocolat blanc
白巧克力維也納長棍

維也納長棍麵團590克・白巧克力豆150克
・刨碎的青檸檬皮1/2顆

- 在維也納長棍麵團揉好後，加入白巧克力豆和青檸檬皮。以慢速攪拌1分鐘，接著繼續以維也納長棍的步驟進行，以180℃烤20分鐘。

Pain de meule T110

en direct sur levain dur

硬種直接法T110石磨麵包

難度 ◇◇◇

這款麵包需要花4天的時間形成液態酵母種。

前1天 備料：4分鐘・發酵：2小時・冷藏：12小時
當天 備料：10分鐘・發酵：3小時35分鐘・烘烤：40分鐘
・基礎溫度：75

石磨麵包1個

LEVAIN DUR DE MEULE 石磨硬種

T110 石磨麵粉250克・液態酵母種125克・40℃的水125克

PÉTRISSAGE 揉麵

T110 石磨麵粉400克・法國傳統麵粉（farine de tradition française）100克・給宏德鹽13克
・新鮮酵母1克・水350克・前1天的石磨硬種300克・後加水（bassinage）（最多50克）

最後修飾用麵粉

LEVAIN LIQUIDE 液態酵母種（預計4天）
• 製作液態酵母種（見35頁）。

LEVAIN DUR DE MEULE 石磨硬種（前1天）
• 在電動攪拌機的攪拌缸中放入麵粉、液態酵母種和水。以慢速攪拌4分鐘。在常溫下發酵2小時，接著放入加蓋的大容器中，冷藏至少12小時。

PÉTRISSAGE 揉麵（當天）
• 在電動攪拌機的攪拌缸中放入2種麵粉、鹽、酵母、水和切成小塊的石磨硬種。以慢速揉麵10分鐘。在最後2分鐘緩緩倒入後加水（bassinage），揉至形成25至27℃的麵團。
• 將麵團放入撒有麵粉的容器中，稍微翻麵，不要賦予麵團過多的筋度。

POINTAGE 基本發酵
• 蓋上發酵布，在常溫下發酵1小時15分鐘。

FAÇONNAGE 整形
• 將麵團初步成形為球狀，鬆弛20分鐘。將麵團搓揉成長橢圓形，擺在預先撒有麵粉的發酵布上，密合處朝上。

APPRÊT 最後發酵
• 在常溫下發酵2小時。

CUISSON 烘烤
• 將30×38公分的烤盤擺在烤箱中央高度位置，以自然對流模式將烤箱預熱至250℃。
• 將熱烤盤取出，擺在網架上。用鏟子為麵團輕輕翻面，正面擺在烤盤上。撒上麵粉，接著用刀在整個長邊上劃出1道割紋。直接放入烤箱，接著將溫度調低為220℃。加入蒸氣（見50頁），烤40分鐘。
• 出爐後，讓麵包在網架上散熱並冷卻。

Pain de campagne

en pointage retardé sur levain liquide

液態酵母種冷藏發酵的鄉村麵包

難度 ♙ ♙

這款麵包需要花4天的時間形成液態酵母種。

前1天或前2天 備料：11分鐘 • 發酵：30分鐘 • 冷藏：12至24小時
當天 發酵：1小時5分鐘 • 烘烤：25至30分鐘
• 基礎溫度：65

2個鄉村麵包

液態酵母種100克

PÉTRISSAGE 揉麵

傳統法國麵粉425克 • T170 黑麥麵粉75克 • 給宏德鹽10克
• 水350克 • 新鮮酵母1克 • 後加水（bassinage）25克

LEVAIN LIQUIDE 液態酵母種（預計4天）

• 製作液態酵母種（見35頁）。

PÉTRISSAGE 揉麵（前1天或前2天）

• 在電動攪拌機的攪拌缸中放入2種麵粉、鹽、液態酵母種、水和酵母。以慢速攪拌7分鐘，接著以中速揉麵4分鐘。在最後2分鐘緩緩倒入後加水（bassinage），攪拌至形成平滑的麵團。麵團攪拌完成溫度23℃。

POINTAGE 基本發酵

• 將麵團從攪拌缸中取出，放入加蓋容器中。在常溫下發酵30分鐘。

• 進行翻麵，加蓋，冷藏12至24小時。

DIVISION ET FAÇONNAGE 分割與整形（當天）

• 將麵團分為2個每個約490克的麵團。將每塊麵團初步成形為球狀（見43頁）。鬆弛20分鐘。

• 完成半長的橢圓形（巴塔 bâtard）的整形。將麵團擺在撒有麵粉的發酵布上，密合處朝上。

APPRÊT 最後發酵

• 在常溫下靜置膨脹45分鐘。

CUISSON 烘烤

• 將30×38公分的烤盤擺在烤箱中央高度位置，以自然對流模式將烤箱預熱至250℃。

• 將熱烤盤取出，擺在網架上。用鏟子為麵團輕輕翻面，正面擺在烤盤上，接著用刀在表面劃出2道割紋。直接放入烤箱，將溫度調低為230℃。加入蒸氣（見50頁），烤25至30分鐘。

• 出爐後，讓麵包在網架上散熱並冷卻。

Pain nutritionnel
aux graines
營養穀粒麵包

難度 ♤

─────────────

這款麵包需要花4天的時間形成液態酵母種。

前1天 備料：5分鐘•**冷藏**：12小時
當天 備料：11分鐘•**發酵**：2小時50分鐘至3小時20分鐘•**烘烤**：40分鐘
•**基礎溫度**54

1個麵包

液態酵母種80克

POOLISH AUX GRAINES 穀粒液種籽

綜合穀粒（棕色亞麻仁籽、黃色亞麻仁籽、小米、罌粟籽、葵花籽）80克•烘焙芝麻32克
•T170 黑麥麵粉32克•水200克•新鮮酵母0.5克

PÉTRISSAGE 揉麵

T65麵粉400克•鹽8克•新鮮酵母2克•水170克

....

模具用葵花油•最後修飾用麵粉（Farine de froment）

LEVAIN LIQUIDE 液態酵母種（預計4天）

• 製作液態酵母種（見35頁）。

POOLISH AUX GRAINES 穀粒液種（前1天）

• 在碗中用打蛋器混合穀粒、烘焙芝麻、麵粉、水、酵母和液態酵母種。加蓋，冷藏至隔天。

PÉTRISSAGE 揉麵（當天）

• 在電動攪拌機的攪拌缸中放入麵粉、鹽、酵母、水和穀粒液種。以慢速攪拌7分鐘，接著再以中速揉麵4分鐘。麵團攪拌完成溫度23℃。

POINTAGE 基本發酵

• 蓋上發酵布，在常溫下發酵30分鐘。

• 進行翻麵，加蓋，在常溫下再發酵1小時。

DIVISION ET FAÇONNAGE 分割與整形

• 將麵團分為4個每個約250克，或是不分割保持1公斤的麵團。將麵團初步成形為球狀。鬆弛20分鐘。

• 再度將每顆球狀麵團滾圓，為麵團賦予必要的筋度，或是整形成1公斤的長橢圓形（見42至43頁）。將4顆麵球一組或1個長橢圓形麵團擺入28×11×9公分，且預先刷上油的模具中。

APPRÊT 最後發酵

• 在常溫下靜置發酵1小時至1小時30分鐘。

CUISSON 烘烤

• 將烤架擺在烤箱中間高度位置，以自然對流模式將烤箱預熱至240℃。

• 用網篩在麵團表面篩上麵粉，接著放入烤箱。將溫度調低至 220℃，加入蒸氣（見50頁），烤約40分鐘。

• 出爐後，將麵包脫模，接著擺在網架上散熱和冷卻。

Pain intégral
sur levain dur
硬種全麥麵包

難度 ♙♙

─────────────

這款麵包需要花4天的時間形成硬種。

前1天 備料：8分鐘・發酵：1小時・冷藏：12至18小時
當天 備料：10分鐘・發酵：2小時20分鐘・烘烤：40至45分鐘
・基礎溫度：58

1個麵包

硬種150克

PÉTRISSAGE 揉麵

T150全麥麵粉500克・水280克・鹽10克・新鮮酵母4克

·················

最後修飾用麵粉（Farine de froment）

LEVAIN DUR 硬種（預計4天）

• 製作硬種（見36頁）。

PÉTRISSAGE 揉麵（前1天）

• 在電動攪拌機的攪拌缸中放入麵粉、水、鹽、酵母和切成小塊的硬種。以慢速揉麵8分鐘。麵團攪拌完成溫度22℃。

POINTAGE 基本發酵

• 為麵團加蓋，在常溫下發酵1小時。進行翻麵，冷藏12至18小時。

DIVISION ET FAÇONNAGE 分割與整形（當天）

• 將麵團初步成形為球狀。鬆弛20分鐘。

• 完成球狀整形。擺在大碗裡均勻撒上麵粉的發酵布上，密合處朝上。為碗蓋上保鮮膜。

APPRÊT 最後發酵

• 在常溫下膨脹2小時。

CUISSON 烘烤

• 在烤箱中放入直徑24公分的有蓋鑄鐵鍋，以自然對流模式將烤箱預熱至250℃。

• 裁出1張24公分的圓形烤盤紙。將麵團輕輕倒置在紙上，接著在表面篩上麵粉。劃出4道割紋，形成正方形，在中央劃出1個十字形。

• 在鑄鐵鍋底部放入3塊冰塊，接著連紙一起將麵團擺在熱鑄鐵鍋中。為鑄鐵鍋加蓋，放入烤箱。烤40至45分鐘。30分鐘後，將蓋子取下，繼續再烤10至15分鐘。

• 出爐後，將麵包從鑄鐵鍋中取出，接著擺在網架上散熱和冷卻。

Tourte de sarrasin

蕎麥圓麵包

難度 ✿✿✿

這款麵包需要花4天的時間形成硬種。

前1天 備料：13至14分鐘・冷藏：12小時
當天 備料：10分鐘・發酵：2小時30分鐘・烘烤：40分鐘

1個圓麵包

RAFRAÎCHI DE LEVAIN DUR 硬種餵養

硬種125克

⋯⋯⋯⋯⋯⋯⋯

T110 石磨麵粉250克・40℃的水125克

LEVAIN DE MEULE 石磨發酵種

前1天的發酵麵團218克

⋯⋯⋯⋯⋯⋯⋯

蕎麥麵粉62.5克・80℃的水62.5克

PÉTRISSAGE 揉麵

70℃的水187.5克・法國傳統麵粉150克・蕎麥麵粉37.5克・鹽7.5克

LEVAIN DUR 硬種（預計4天）

• 製作硬種（見36頁）。

RAFRAÎCHI DE LEVAIN DUR 硬種餵養（前1天）

• 在裝有攪拌槳的電動攪拌機的攪拌缸中放入麵粉、硬種和水。以慢速攪拌3至4分鐘。將麵團從攪拌缸中取出，接著放入加蓋的碗內，冷藏至隔天。

PÂTE FERMENTÉE POUR LE LEVAIN DE MEULE 石磨發酵種麵團（前1天）

• 製作石磨發酵種麵團，冷藏至隔天（見33頁）。

LEVAIN DE MEULE 石磨發酵種（當天）

• 在電動攪拌機的攪拌缸中放入麵粉、218克的硬種餵養、218克切成小塊的石磨發酵種麵團和水。以慢速揉麵至形成均勻麵團。為攪拌缸中的麵團蓋上保鮮膜，靜置發酵1小時。

PÉTRISSAGE 揉麵

• 在準備好的石磨發酵種中加水，接著是2種麵粉和鹽。以慢速攪拌3至4分鐘，接著以中速揉麵2分鐘，揉至麵團攪拌完成溫度30至35℃。

POINTAGE 基本發酵

• 為攪拌缸中的麵團蓋上保鮮膜，靜置發酵1小時15分鐘。

FAÇONNAGE ET APPRÊT 整形與最後發酵

• 在工作檯上均勻撒上麵粉，接著擺上麵團，將邊緣快速朝中央折起。將麵團初步成形為球狀，擺在直徑22公分且均勻撒上麵粉的藤籃中，密合處朝上，用手指將密合處收緊。蓋上濕發酵布，在常溫下發酵15分鐘。

CUISSON 烘烤

• 將30×38公分的烤盤擺在烤箱中央高度位置，以自然對流模式將烤箱預熱至260℃。

• 將熱烤盤取出，擺在網架上，鋪上烤盤紙。將藤籃輕輕倒置在烤盤上，劃出4道切口，形成正方形，接著放入烤箱。加入蒸氣（見50頁），烘烤10分鐘後讓蒸氣散出，接著關掉蒸氣，再繼續烤30分鐘。出爐後，讓圓麵包在網架上散熱並冷卻。

Pain d'épeautre

sur levain liquide

液態酵母種斯佩耳特小麥麵包

難度 ♧ ♧

這款麵包需要花4天的時間形成液態酵母種。

備料：8分鐘・發酵：3小時50分鐘・烘烤：40至45分鐘
・基礎溫度：65

麵包1個

液態酵母種150克

PÉTRISSAGE 揉麵

斯佩耳特小麥麵粉（farine de grand épeautre）500克・水280克・鹽10克・新鮮酵母4克

LEVAIN LIQUIDE 液態酵母種（預計4天）
- 製作液態酵母種（見35頁）。

PÉTRISSAGE 揉麵
- 在電動攪拌機的攪拌缸中放入麵粉、水、鹽、酵母和液態酵母種。以慢速揉麵8分鐘。揉至麵團攪拌完成溫度23至25℃之間。

POINTAGE 基本發酵
- 爲麵團加蓋，在常溫下發酵1小時30分鐘。

FAÇONNAGE 整形
- 將麵團初步成形爲球狀，鬆弛20分鐘。
- 完成球狀整形，將麵團擺在撒有麵粉的發酵布上，密合處朝上。

APPRÊT 最後發酵
- 在常溫下發酵2小時。

CUISSON 烘烤
- 在烤箱中放入直徑24公分的加蓋鑄鐵鍋，以自然對流模式將烤箱預熱至250℃。
- 裁出1張24公分的圓形烤盤紙。將麵團輕輕倒置在紙上，接著用手在表面撒上麵粉。劃出4道切口，形成正方形。
- 在鑄鐵鍋底部放入3塊冰塊，接著連紙一起將麵團擺在熱鑄鐵鍋中。爲鑄鐵鍋加蓋，放入烤箱。烤40至45分鐘。30分鐘後，將蓋子取下，繼續再烤10至15分鐘。
- 出爐後，將麵包從鑄鐵鍋中取出，接著擺在網架上散熱和冷卻。

Petits pains de fêtes
節慶小麵包

難度 ✿

備料：15分鐘 • 發酵：1小時30分鐘 • 烘烤：15分鐘
• 基礎溫度：54

8個小麵包

T45精白麵粉500克 • 牛乳325克 • 鹽9克 • 糖20克
• 新鮮酵母15克 • 冷奶油125克

FINITION 最後修飾
罌粟籽（Graines de pavot）• 用來黏貼的葵花油 • 麵粉

UN « PAIN À UN SOU »
極精緻麵包

可用模板特製的這些小麵包，用於紀念各種活動
與節慶。市售與網路上有多種模板可供選擇。
主題千變萬化，還可依圖畫或影像
自行製作模板。可將模板作在略硬的材質上，
以提升耐用性。

PÉTRISSAGE 揉麵

• 在電動攪拌機的攪拌缸中放入麵粉、牛乳、鹽、糖和酵母。以慢速攪拌5分鐘，直到麵粉充分吸收液體，形成軟黏的麵團。一次加入切成小塊的奶油，持續以高速揉麵10分鐘，直到形成柔軟平滑的麵團。

POINTAGE 基本發酵

• 揉成球狀，擺在大碗裡。蓋上濕發酵布或保鮮膜，在常溫下發酵30分鐘。

DIVISION ET FAÇONNAGE 分割與整形

• 取350克的麵團，用擀麵棍擀至2公釐的厚度。擺在鋪有烤盤紙的烤盤上，以水濕潤，均勻鋪上罌粟籽 (1)。將烤盤冷凍至麵皮變硬。去掉多餘的罌粟籽，壓切成8個直徑7公分的圓餅 (2)。冷凍保存。

• 用剩餘的麵團，秤出8個每個約80克，揉成緊實的球狀。擺在30×38公分且鋪有烤盤紙的烤盤上。

APPRÊT 最後發酵

• 在25℃的發酵箱中靜置發酵1小時（見54頁）。

• 取鋪有罌粟籽的圓餅，翻面，用糕點刷為邊緣刷上油 (3)。用糕點刷為每塊麵團的中央刷上少許水，在表面擺上1片罌粟籽圓餅 (4)。將不同的模板擺在圓餅上，用網篩篩上麵粉，接著輕輕將模板移開 (5)(6)。

CUISSON 烘烤

• 將烤箱以旋風模式預熱至145℃。將烤盤放入烤箱中間高度的位置，烤15分鐘。

• 出爐後，讓小麵包在網架上散熱並冷卻。

Pain party

麵包派對

難度 ♙

備料：10-11分鐘 • 發酵：1小時30分鐘 • 烘烤：20-25分鐘
• 基礎溫度：58

1個麵包

T150全麥麵粉500克 • T130蕎麥麵粉300克 • T55麵粉200克 • 水600克
• 鹽20克 • 新鮮酵母20克 • 奶油25克

DÉCOR 裝飾（可自選）
罌粟籽（Graines de pavot）• 白芝麻粒 • 麵粉或香料粉

COLLE ALIMENTAIRE 麵糊膠
T130蕎麥麵粉250克＋水215克以刮刀攪拌均勻
·················
最後裝飾用麵粉

DES CRÉATIONS LUDIQUES TRÈS TECHNIQ

極具技術性的趣味創作

多變的形狀、色彩和高度，
就是製作藝術麵包的最大樂趣。
這鮮為人知的麵包派對是由專業人士
在著名的麵包競賽中所創作。
以自助餐檯的概念為主題，
需要技術與靈活度。

PÉTRISSAGE 揉麵

- 在電動攪拌機的攪拌缸中放入3種麵粉、水、鹽、酵母和奶油。以慢速攪拌4分鐘,接著以中速揉麵6至7分鐘。揉至麵團完成溫度25℃。蓋上保鮮膜,在常溫下發酵30分鐘。

SOCLE 基座

- 取800克的麵團,用擀麵棍擀至形成1公分的厚度 **(1)** **(2)**,接著裁成你選擇的形狀,用切割器將邊緣修整齊。用網篩撒上麵粉,並在邊緣用刀劃出切口 **(3)**。(可用模板切割並裝飾出形狀)。
- 擺在30×38公分且鋪有烤盤紙的烤盤上,在25℃的發酵箱中靜置發酵約1小時(見54頁)。

SUJET PRINCIPAL 主體

- 取500克的麵團,用擀麵棍擀至8公釐的厚度。表面以水濕潤,撒上罌粟籽 **(4)**,擺在30×38公分且鋪有烤盤紙的烤盤上,冷凍至麵團硬化,以利切割。
- 將麵團從冷凍庫中取出,去掉多餘的罌粟籽後,再進行主體的切割 **(5)**。用模板裁出形狀 **(6)**,擺在30×38公分且鋪有烤盤紙的烤盤上。在25℃的發酵箱中靜置發酵約1小時(見54頁)。
- 用麵粉或香料粉增添色彩效果(可省略)**(7)**,接著用小刀在周圍劃出小切口 **(8)**。

PETITS SUJETS 裝飾配件

- 用擀麵棍將剩餘的麵團擀至6公釐的厚度,並依個人想要的形狀,裁成3個裝飾的小配件。你可將其中1個配件沾濕,裹上罌粟籽,1個裹上白芝麻,最後1個用網篩篩上麵粉,或是用細孔網篩篩上香料粉。擺在30×38公分且鋪有烤盤紙的烤盤上,在25℃的發酵箱中靜置發酵約1小時(見54頁)。
- 取出所有切下的小塊麵團,整合成1塊再擀至5公釐厚。用叉子戳洞,接著裁成2個高度同主體的三角形,以及至少3個大小同配件的三角形。用不同花樣的模板,為所有的配件篩上麵粉。

CUISSON 烘烤

- 以自然對流模式將烤箱預熱至 230℃。將烤盤放入烤箱,加入蒸氣(見50頁),烤20至25分鐘。擺在網架上放涼。

MONTAGE 組裝

- 冷卻後,將主體擺在基座上,用小刀標記用來支撐主體的三角形位置。在標記位置挖出5公釐深的凹槽。
- 用小湯匙或擠花袋在凹槽中填入麵糊膠並插入三角形 **(9)**。將麵糊膠塗在支撐面並固定主體,繼續以同樣方式擺上配件。

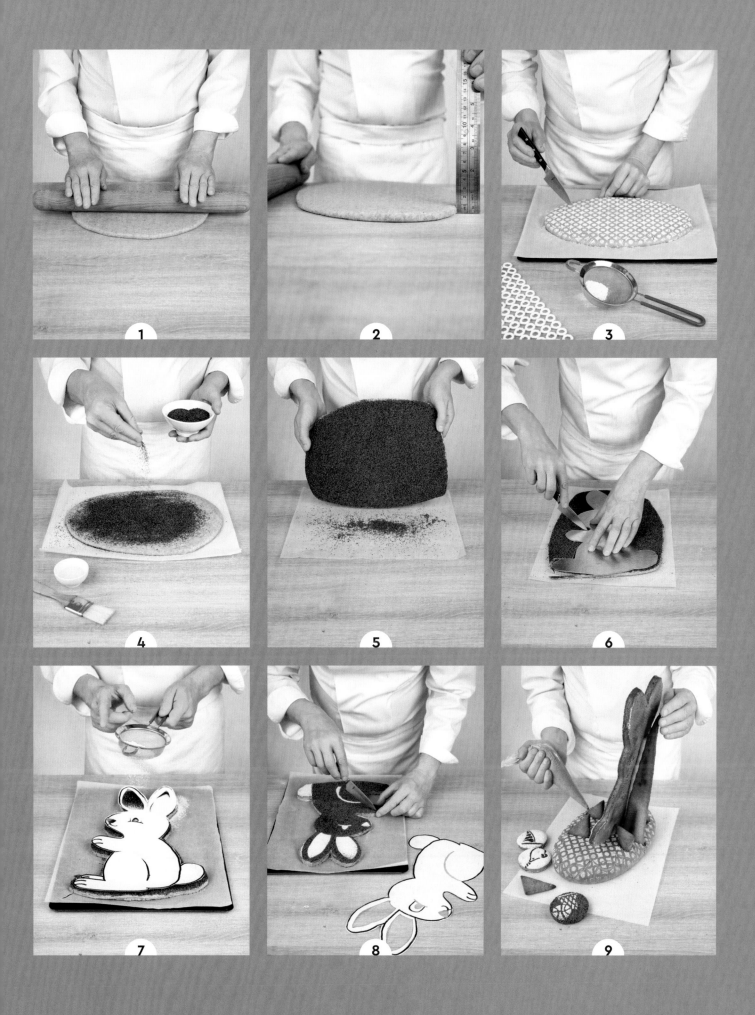

Pains aromatiques

風味麵包

————————

Pain au cidre

et aux pommes

蘋果酒香麵包

難度 ♙ ♙

前1天 備料：10分鐘・發酵：30分鐘・冷藏：12小時
當天 備料：12分鐘・發酵：2小時50分鐘・烘烤：30分鐘
・基礎溫度：58

2個麵包

MACÉRATION 浸漬

不甜蘋果酒（cidre brut）138克・切成小丁的蘋果150克・斯密爾那（Smyrne）葡萄乾100克

....

發酵麵團150克

PÉTRISSAGE 揉麵

蘋果酒（cidre）25克・水325克・法國傳統麵粉500克・鹽12.5克
・新鮮酵母7.5克・葵花油

MACÉRATION ET PÂTE FERMENTÉE
浸漬與發酵麵團（前1天）

• 在碗中混合蘋果酒、蘋果和葡萄乾。蓋上保鮮膜，冷藏至隔天。

• 製作發酵麵團，冷藏至隔天（見33頁）。

PÉTRISSAGE 揉麵（當天）

• 將浸漬的水果瀝乾倒出，並保留50克的浸漬湯汁。

• 在攪拌缸中放入浸漬湯汁、蘋果酒、水、麵粉、鹽、酵母和150克切成小塊的發酵麵團。以慢速攪拌7分鐘，接著以中速揉麵4分鐘。加入浸漬水果，以慢速攪拌約1分鐘至充分混合。麵團攪拌完成溫度23℃。

POINTAGE 基本發酵

• 蓋上發酵布，在常溫下發酵30分鐘。進行翻麵，加蓋，在常溫下靜置發酵1小時。

DIVISION ET FAÇONNAGE 分割與整形

• 將麵團分為2個每個約535克，將每塊麵團初步成形為球狀，鬆弛20分鐘。完成半長橢圓形狀（巴塔bâtard）的整形。

• 在工作檯上均勻撒上麵粉，接著取出麵團。用擀麵棍將每塊橢圓形麵團的長邊1/3擀開，形成夠寬大的舌狀，可以蓋在整個麵包的表面。在擀開部分的周圍5公釐處刷上少許油，接著在中央部分刷上水。將擀開的部分蓋向整個麵團，將麵團擺在撒有少許麵粉的發酵布上，底部朝上。

APPRÊT 最後發酵

• 蓋上濕發酵布，在常溫下發酵1小時。

CUISSON 烘烤

• 將30×38公分的烤盤擺在烤箱中央高度位置，以自然對流模式將烤箱預熱至240℃。將熱烤盤取出，擺在網架上，接著鋪上烤盤紙。

• 用鏟子將麵團輕輕翻面，正面擺在烤盤上。

• 用刀沿長邊劃出1道割紋，接著在2邊劃出斜向的小割紋。

• 直接放入烤箱，接著將溫度調低為220℃，加入蒸氣（見50頁），烤30分鐘。

• 出爐後，讓麵包在網架上散熱並冷卻。

Pain feuilleté

provençal

普羅旺斯千層麵包

難度 ♙ ♙

前1天 **備料**：10分鐘・**冷藏**：24小時
當天 **發酵**：2小時20分鐘・**烘烤**：2小時
・**基礎溫度**：54

麵包1個

T65麵粉 360克・鹽7克・新鮮酵母9克・奶油17克・水180克

TOURAGE 折疊
低水分奶油（beurre sec）140克

GARNITURE 配料
切成4塊的黑橄欖85克・切成4塊的綠橄欖85克
・切成4塊的番茄乾140克・切碎的新鮮羅勒
....
模具用葵花油

PÉTRISSAGE 揉麵（前1天）
• 在電動攪拌機的攪拌缸中放入麵粉、鹽、酵母、奶油和水。以慢速攪拌4分鐘，接著再以中速揉麵6分鐘。將麵團揉成球狀，蓋上保鮮膜，冷藏24小時。

TOURAGE 折疊（當天）
• 製作邊長14公分的低水分奶油方塊（見206頁）。用擀麵棍將麵團擀成夠寬的圓餅狀，讓奶油的直角到達圓餅邊緣。擺上低水分奶油方塊，將麵皮朝中央折起以蓋住奶油方塊。

• 製作1個雙折和1個單折（見208頁），接著蓋上保鮮膜，冷凍20分鐘。

FAÇONNAGE 整形
• 用擀麵棍將麵團擀至形成40×30公分且厚3公釐的長方形。用糕點刷為整個表面刷上水，並均勻撒上配料。

• 將麵團捲起，接著縱向切半。扭成螺旋狀，放入28×9×10公分的有蓋模具中。

APPRÊT 最後發酵
• 在25℃的發酵箱中靜置發酵2小時（見54頁），直到麵團到達蓋子的高度。

CUISSON 烘烤
• 以自然對流模式將烤箱預熱至 220℃。將模具放入烤箱中間高度的位置，接著將溫度調低至160℃，烤2小時。

• 出爐後，將麵包脫模，接著擺在網架上散熱和冷卻。

Pain végétal
aux légumineuses
素豆麵包

難度 ✿ ✿ ✿

這款麵包需要花4天的時間形成液態酵母種。

前1天 備料：20分鐘・烘烤：20分鐘・冷藏：12小時
當天 備料：8分鐘・發酵：2小時20分鐘至2小時40分鐘・烘烤：40分鐘
・基礎溫度：90

1個麵包

液態酵母種80克

POOLISH AUX GRAINES 穀粒液種
紅小扁豆（lentilles corail）45克・黑小扁豆（lentilles noires）45克・烘焙白芝麻粒25克
・南瓜籽20克・新鮮酵母1克
・扁豆烹煮湯汁200克（加水補足）

PÉTRISSAGE 揉麵
法國傳統麵粉400克・鹽9克・新鮮酵母2克
・水150克・後加水（bassinage）15克（可省略）

APPAREIL À TIGRAGE 虎斑混合糊
T130 黑麥麵粉90克・酒精濃度5.5%的淡啤酒（bière blonde）100克
・新鮮酵母2克・黑咖哩粉1/4小匙
....
模具用葵花油

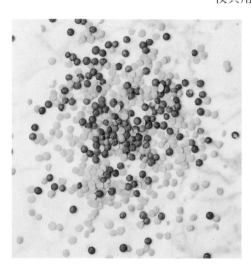

UN PAIN SANTÉ ORIGINAL
別出心裁的健康麵包

添加豆類作為植物性蛋白質和纖維的來源，
為麵包增加營養價值。
將扁豆充分煮熟，並保留烹煮湯汁，
湯汁可加進液種中。
務必將液種的所有材料拌勻。

LEVAIN LIQUIDE 液態酵母種（預計4天）

- 製作液態酵母種（見35頁）。

POOLISH AUX GRAINES 穀粒液種（前1天）

- 在平底深鍋中加入2種扁豆，接著用水淹過，煮沸，並用小火煮約20分鐘 **(1)**。烹煮結束後，將扁豆瀝乾，將烹煮湯汁保留在一旁 **(2)**，放涼。

- 在碗中用刮刀混合扁豆、芝麻和南瓜籽、酵母，和加水補足200克的扁豆烹煮湯汁 **(3)**。蓋上保鮮膜，冷藏至隔天。

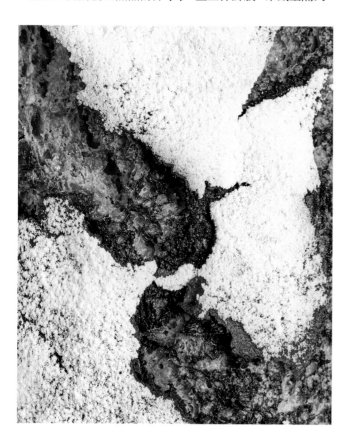

PÉTRISSAGE 揉麵（當天）

- 在電動攪拌機的攪拌缸中放入穀粒液種、麵粉、鹽、酵母、80克的液態酵母種 **(4)** 和水（後加水除外）。以慢速攪拌3分鐘，接著再以中速揉麵5分鐘。在麵團脫離攪拌缸內壁時，緩緩倒入後加水。再度攪拌至麵團脫離攪拌缸內壁，揉至麵團攪拌完成溫度在23至25℃之間。

POINTAGE 基本發酵

- 為攪拌缸中的麵團蓋上濕發酵布，發酵30分鐘。

- 將麵團從攪拌缸中取出，在工作檯上進行翻麵。蓋上濕發酵布，在常溫下發酵30至45分鐘。

FAÇONNAGE ET APPAREIL À TIGRAGE
整形與虎斑混合糊

- 將麵團初步成形為長橢圓形（見42至43頁），鬆弛10至15分鐘。

- 在鬆弛期間製作虎斑混合糊。在碗中用打蛋器混合麵粉、啤酒、酵母和咖哩粉 **(5)**，預留備用。

- 完成整形，接著擺在28×9×10公分且預先上油的模具中 **(6)**。用軟刮刀刷上虎斑混合糊 **(7)**。在麵團表面篩上麵粉，靜置10分鐘後再篩一次麵粉 **(8)(9)**。

APPRÊT 最後發酵

- 不加蓋，在常溫下發酵約1小時。

CUISSON 烘烤

- 以自然對流模式將烤箱預熱至240℃。

- 將模具放入烤箱中間高度的位置，接著將溫度調低至210℃，烤40分鐘。

- 出爐後，將麵包脫模，接著擺在網架上散熱和冷卻。

Pain spécial foie gras

特製佐肥肝麵包

難度 ♡

前1天 備料：15分鐘・發酵：30分鐘・冷藏：12小時
當天 備料：11分鐘・發酵：2小時50分鐘・烘烤：20至25分鐘
・基礎溫度：58

3個麵包

POOLISH AUX GRAINES 穀粒液種

綜合穀粒（棕色亞麻仁籽、黃色亞麻仁籽、小米、罌粟籽）100克
・烘焙白芝麻粒40克・T170黑麥麵粉40克・水267克・新鮮酵母1克

....

發酵麵團113克

PÉTRISSAGE 揉麵

法國傳統麵粉534克・鹽10克・新鮮酵母13克・水220克

....

切成小塊的杏桃乾100克・切成小塊的無花果乾100克
・斯密爾那（Smyrne）葡萄乾67克・烘焙榛果67克

....

模具用室溫回軟的奶油

POOLISH AUX GRAINES 穀粒液種（前1天）

・在碗中用打蛋器混合綜合穀粒、烘焙芝麻、麵粉、水和酵母。蓋上保鮮膜，冷藏至隔天。

PÂTE FERMENTÉE 發酵麵團（前1天）

・製作發酵麵團，冷藏至隔天（見33頁）。

PÉTRISSAGE 揉麵（當天）

・在電動攪拌機的攪拌缸中放入麵粉、鹽、酵母、切成小塊的發酵麵團和水。加入穀粒液種，以慢速攪拌7分鐘，接著再以中速揉麵4分鐘。以慢速加入堅果與果乾。麵團攪拌完成溫度23℃。

POINTAGE 基本發酵

・在常溫下發酵30分鐘。進行翻麵，在常溫下發酵1小時。

DIVISION ET FAÇONNAGE 分割與整形

・將麵團分為3個每個約550克，將每塊麵團初步成形為球狀，鬆弛20分鐘。

・完成長橢圓形的整形（見42至43頁），將麵團擺在3個19×9×7公分且預先刷上奶油的模具中。

APPRÊT 最後發酵

・在常溫下發酵1小時。

CUISSON 烘烤

・以自然對流模式將烤箱預熱至240℃。

・在麵團表面劃出7道斜切的切口，接著直接將模具放入烤箱中間高度的位置。加入蒸氣（見50頁），烤20至25分鐘。

・出爐後，為麵包脫模，接著擺在網架上散熱並冷卻。

Pain de mie Arlequin

小丑吐司

難度 ⚜ ⚜

備料：10至12分鐘 • 發酵：3小時20分鐘 • 烘烤：1小時2分鐘
• 基礎溫度：58

1個麵包

PÂTE AU CURCUMA 薑黃麵團

T45精白麵粉150克 • 新鮮酵母3.6克 • 糖15克 • 鹽3克
• 蛋25克（1/2顆）• 室溫回軟的奶油15克 • 牛乳100克 • 薑黃1.5克

PÂTE À L'ENCRE DE SEICHE 墨魚麵團

T45精白麵粉150克 • 新鮮酵母3.6克 • 糖15克 • 鹽3克
• 蛋25克（1/2顆）• 室溫回軟的奶油15克 • 牛乳100克 • 墨魚汁10克

PÂTE À LA BETTERAVE 甜菜麵團

T45精白麵粉150克 • 新鮮酵母3.6克 • 糖15克 • 鹽3克
• 室溫回軟的奶油15克 • 牛乳37克 • 甜菜汁80克
....
模具用油

SIROP 糖漿
水100克 • 糖130克

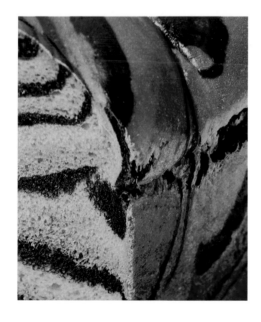

UN PAIN À LA MIE MULTICOLORE
多彩的吐司

這款麵包的獨特之處在於麵包內側的斑馬紋，
可用其他的天然色素來取代本配方中所使用的：
用咖哩取代薑黃；用番茄汁取代甜菜汁，
或是使用菠菜汁、紫高麗菜汁等等。

ASTUCE訣竅：為了避免麵團將工作檯染色，
可在矽膠墊上擀壓。

PÉTRISSAGE 揉麵

• 在攪拌缸中放入麵粉、酵母、糖、鹽、蛋、奶油、牛乳和薑黃。以慢速攪拌3至4分鐘,接著再以中速攪拌7至8分鐘。

• 墨魚麵團和甜菜麵團也重複同樣的操作 **(1)(2)(3)**,麵團攪拌完成溫度23℃。

POINTAGE 基本發酵

• 將麵團分別從攪拌缸中取出,並將每個麵團滾圓放入碗中,蓋上保鮮膜。在常溫下發酵20分鐘。

• 進行翻麵,蓋上保鮮膜,冷藏1小時。

FAÇONNAGE 整形

• 在矽膠墊上,用擀麵棍將每塊麵團擀成28×9公分的長方形 **(4)**。

• 用糕點刷在薑黃麵團表面刷上少許水,接著擺上墨魚麵團。刷上水,再擺上甜菜麵團 **(5)**。

• 將麵團捲成緊實的圓柱狀 **(6)**,接著縱向切半 **(7)**。將2條麵團編成麻花狀 **(8)**,接著擺在28×9×10公分且充分上油的模具中 **(9)**。

APPRÊT 最後發酵

• 在25℃的發酵箱中靜置發酵2小時(見54頁)。

CUISSON 烘烤

• 將烤箱以旋風模式預熱至145℃,將模具放入烤箱中間高度的位置,烤1小時。

• 製作糖漿,在小型平底深鍋中將水和糖煮沸,離火,放涼。將麵包從烤箱中取出,刷上糖漿,再烤2分鐘。

• 出爐後,將麵包脫模,接著擺在網架上散熱和冷卻。

NOTE 注意:若要製作原味吐司,可用以下材料製作麵團:T45精白麵粉450克、新鮮酵母11克、糖45克、鹽9克、蛋50克(1顆)、室溫回軟的奶油45克和牛乳300克。在基本發酵後,將麵團整為密實的長橢圓形,擺在模具裡。接著依上述指示進行最後發酵和烘烤的步驟。

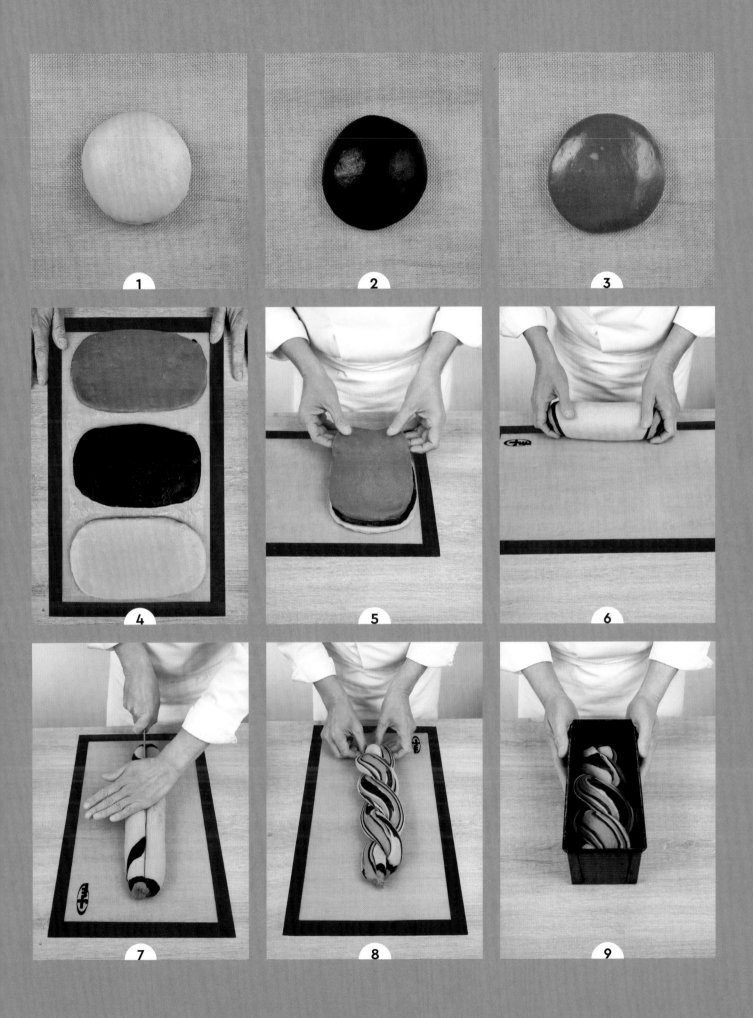

Bâtonnet de seigle

aux raisins secs
葡萄乾黑麥麵包條

難度 ⌂ ⌂

───────────────

前1天 備料：10分鐘・發酵：30分鐘・冷藏：12小時
當天 備料：10分鐘・發酵：1小時・烘烤：20分鐘・基礎溫度：77

6個麵包條

發酵麵團200克

PÉTRISSAGE 揉麵

水200克・T130 黑麥麵粉250克・給宏德鹽之花5克
・新鮮酵母0.8克・斯密爾那葡萄乾80克

PÂTE FERMENTÉE 發酵麵團（前1天）

• 製作發酵麵團，冷藏至隔天（見33頁）。

PÉTRISSAGE 揉麵（當天）

• 在電動攪拌機的攪拌缸中倒入水，接著加入切成小塊的發酵麵團、麵粉、鹽和酵母。以慢速攪拌4分鐘，接著再以中速揉麵4分鐘。加入葡萄乾，以慢速揉麵至充分混合，揉至麵團最終溫度在25至27℃。

POINTAGE 基本發酵

• 在工作檯上，為麵團蓋上濕發酵布，在常溫下發酵15分鐘。

DIVISION ET FAÇONNAGE 分割與整形

• 在工作檯上撒麵粉，接著將麵團擀至形成18×12公分且厚1.5公分的長方形。切成6個寬3公分，每個約120克的巴塔（bâtards）狀。擺在鋪有烤盤紙的烤盤上，蘸有麵粉的那一面朝上。

APPRÊT 最後發酵

• 蓋上濕發酵布，在常溫下發酵45分鐘。

CUISSON 烘烤

• 將30×38公分的烤盤擺在烤箱中央高度位置，以自然對流模式將烤箱預熱至260℃。

• 將熱烤盤取出，擺在網架上，接著將烤盤紙連同長條狀麵團放至熱烤盤上。最多烤20分鐘，以免葡萄乾燒焦。

• 出爐後，讓麵包在網架上放涼。

···

變化版

Pain de seigle aux pralines roses
粉紅色果仁糖黑麥麵包

• 用160克的粉紅色果仁糖（pralines rose）取代葡萄乾來製作麵團。在常溫下發酵45分鐘，接著放入2個18×5.5×5.5公分且預先刷上奶油的模具中。蓋上濕發酵布，在常溫下發酵45分鐘。

• 以自然對流模式將烤箱預熱至220℃。為麵包篩上麵粉，接著放入烤箱中間高度的位置，擺在2個疊起的烤盤上。將溫度調低至180℃，烤30分鐘。出爐後，脫模，將麵包擺在鋪有烤盤紙的網架上放涼。

Pain au beaujolais
et à la rosette
薄酒萊玫瑰臘腸麵包

難度 ♡

前1天 備料：10分鐘・發酵：30分鐘・冷藏：12小時
當天 備料：12分鐘・發酵：2小時50分鐘・烘烤：20至25分鐘
・基礎溫度：58

2個麵包

發酵麵團100克

PÉTRISSAGE 揉麵

法國傳統麵粉500克・鹽7克・新鮮酵母10克
・薄酒萊葡萄酒（beaujolais）180克・水120克・切成薄片的玫瑰臘腸（rosette）200克

最後修飾用麵粉

PÂTE FERMENTÉE 發酵麵團（前1天）
・製作發酵麵團，冷藏至隔天（見33頁）。

PÉTRISSAGE 揉麵（當天）
・在電動攪拌機的攪拌缸中放入麵粉、鹽、酵母、切成小塊的發酵麵團、薄酒萊葡萄酒和水。以慢速攪拌7分鐘，接著再以中速揉麵4分鐘。加入玫瑰臘腸，以慢速攪拌1分鐘，直到臘腸碎裂並混入麵團中。麵團攪拌完成溫度23℃。

POINTAGE 基本發酵
・蓋上發酵布，在常溫下發酵30分鐘。進行翻麵，在常溫下發酵1小時。

DIVISION ET FAÇONNAGE 分割與整形
・將麵團分為2個每個約550克。將每塊麵團初步成形為球狀，鬆弛20分鐘。

・完成長橢圓形的整形（見42至43頁）。用手掌側面在麵團上橫向壓出3道壓痕標記，接著篩上麵粉，擺在撒有少許麵粉的發酵布上，密合處朝下。

APPRÊT 最後發酵
・在常溫下發酵1小時。

CUISSON 烘烤
・將30×38公分的烤盤擺在烤箱中央高度位置，以自然對流模式將烤箱預熱至240℃。

・將熱烤盤取出，擺在網架上。用鏟子輕輕擺上麵團。放入烤箱，加入蒸氣（見50頁），烤20至25分鐘。

・出爐後，讓麵包在網架上散熱並冷卻。

Pain sans gluten
aux graines
無麩質穀粒麵包

難度 ♡

這款麵包在最終的製作之前需要 4 天的時間準備，以取得強效且酸度適中的酵種。

PRÉPARATION DU LEVAIN 酵種的製作 4天
前1天（第4天）烘烤：10分鐘
當天（第5天）備料：7分鐘・發酵：1小時30分鐘至1小時45分鐘・烘烤：50分鐘
・基礎溫度：60

3個麵包

LEVAIN DE FARINE DE CHÂTAIGNE 栗粉酵種
栗子粉（farine de châtaigne）80克・水160克

GRAINES TORRÉFIÉES 烘焙穀粒
罌粟籽25克・烤成金黃色的白芝麻25克・金黃亞麻仁籽25克・水60克

PÉTRISSAGE 揉麵
新鮮酵母10克・水500克・在來米粉（farine de riz）300克・栗子粉200克
・鹽12克・黃原膠（gomme de xanthane）15克・栗粉酵種240克

DÉCOR 裝飾
罌粟籽15克・烤成金黃色的白芝麻15克・金黃亞麻仁籽15克

UN SAVOUREUX
PAIN AU LEVAIN
美味的酵種麵包

酵種在無麩質麵包中扮演著重大角色。
發酵的時間也很重要，因為麵包的味道、
品質取決於發酵。
黃原膠可吸收水分並使麵團更黏稠，
部分補償了由於缺乏麩質而導致的結構缺失。

LEVAIN DE FARINE DE CHÂTAIGNE
栗粉酵母（第**1**至**4**日）

- 第1天。在碗中用刮刀混合20克的栗子粉和40克28℃的水。蓋上保鮮膜，在常溫下靜置至隔天。

- 第2天。在第1天的備料中加入20克的栗子粉和40克28℃的水。拌勻，加蓋，在常溫下靜置至隔天 **(1)**。

- 第3天。在第2天的備料中加入20克的栗子粉和40克28℃的水。拌勻，加蓋，在常溫下靜置至隔天。

- 第4天。在第3天的備料中加入20克的栗子粉和40克28℃的水。拌勻，加蓋，在常溫下靜置至隔天。

MÉLANGE DE GRAINES TORRÉFIÉES
烘焙綜合穀粒（第**4**天）

- 以自然對流模式將烤箱預熱至180℃。將罌粟籽、烤成金黃色的白芝麻25克、金黃亞麻仁籽擺在30×38公分的烤盤上，接著放入烤箱烤10分鐘。5分鐘後將烤盤轉向，以利均勻烘焙。一出爐就將穀粒與水混合 **(2)**。冷藏至隔天。

PÉTRISSAGE 揉麵（第**5**天）

- 在裝有攪拌槳的電動攪拌機的攪拌缸中，放入酵母、水、2種粉、鹽、黃原膠、240克的栗粉酵種，以及烘焙過的綜合穀粒和水 **(3)**。以慢速攪拌5分鐘，接著再以高速揉麵2分鐘。

POINTAGE 基本發酵

- 為攪拌缸蓋上保鮮膜，在常溫下靜置45分鐘。

FAÇONNAGE 整形

- 在3個18×8×7公分的模具內鋪上烤盤紙 **(4)**。在每個模具中填入1/3的麵糊。用濕潤的湯匙匙背，將模具內的麵糊高度整平 **(5)**。

APPRÊT 最後發酵

- 在常溫下發酵45分鐘至1小時。

CUISSON 烘烤

- 以自然對流模式將烤箱預熱至210℃。

- 在小容器中混合裝飾用穀粒。用糕點刷輕輕在麵包表面刷上水，撒上綜合穀粒 **(6)**。將模具放入烤箱中間高度的位置，加入蒸氣（見50頁），以210℃烤20分鐘，接著以180℃烤30分鐘。

- 出爐後，為麵包脫模，接著擺在網架上散熱並冷卻。

Barres aux épinards,

chèvre, abricots secs, graines de courge et romarin

菠菜、山羊乳酪、杏桃乾、南瓜籽迷迭香麵包棒

難度 ♡

備料：10分鐘・**發酵**：1小時35分鐘・**烘烤**：15分鐘

10根麵包棒

T45麵粉250克・清洗過並去梗的菠菜葉150克
・鹽5克・糖10克・新鮮酵母10克
・水約50克・奶油30克

GARNITURE 配料
新鮮山羊乳酪130克・切成小塊的杏桃乾60克・切碎迷迭香1克

FINITION 最後修飾
蛋1顆＋蛋黃1顆，一起打散・烘焙過的南瓜籽・橄欖油

PÉTRISSAGE 揉麵

- 在電動攪拌機的攪拌缸中放入麵粉、菠菜葉、鹽、糖和酵母。以慢速攪拌4分鐘，直到形成均勻麵團，並一邊逐量加入水。以高速揉麵至形成具彈性的麵團，加入奶油，再度以高速揉麵，至形成始終保有彈性的麵團。

POINTAGE 基本發酵

- 蓋上濕發酵布，在常溫下發酵45分鐘。

DIVISION ET FAÇONNAGE 分割與整形

- 將麵團等分為2個，將每塊麵團初步成形為橢圓形。蓋上濕發酵布，鬆弛20分鐘。

- 用擀麵棍將麵團擀成32×20公分的長方形。用水濕潤邊緣，在其中1塊長方形麵皮上鋪山羊乳酪，接著撒上杏桃乾和迷迭香，蓋上第2張長方形麵皮，擺在30×38公分且鋪有烤盤紙的烤盤上。蓋上保鮮膜，冷凍至硬化，以利麵包棒的切割。

- 切成18×3公分的長條狀，擺在30×38公分的烤盤上。

APPRÊT 最後發酵

- 在25℃的發酵箱中發酵30分鐘（見54頁）。

CUISSON 烘烤

- 將烤箱以旋風模式預熱至155℃。為麵包棒刷上蛋液，放上南瓜籽裝飾。放入烤箱，將溫度調低至140℃，烤15分鐘。

- 出爐後，擺在網架上，刷上橄欖油。

Petits pains spécial buffet

特製小餐包

難度 ☁

備料：12分鐘 • 發酵：1小時30分鐘至2小時 • 冷藏：1小時 • 冷凍：1小時至1小時30分鐘
• 烘烤：10至15分鐘 • 基礎溫度（菠菜小圓麵包）：56

牛奶麵包

T45精白麵粉1公斤 • 牛乳650克
• 鹽18克 • 糖40克 • 新鮮酵母30克 • 冷奶油250克

所有小麵包的蛋液（**DORURE**）
蛋2顆＋蛋黃2顆，一起打散

12個小麵包、莫內起司白醬、艾斯佩雷辣椒粉

牛奶麵包麵團480克 • 莫內起司白醬360克

SAUCE MORNAY 莫內起司白醬
奶油24克 • T55麵粉32克 • 冷牛乳242克
• 蛋黃14克（1小顆）
• 乳酪絲48克 • 鹽、胡椒、艾斯佩雷辣椒粉
....
橄欖油
艾斯佩雷辣椒粉

10個海藻小麵包

牛奶麵包麵團400克 • 海藻風味奶油50克

12個墨魚「小圓麵包」

牛奶麵包麵團475克 • 墨魚汁25克
....
烤成金黃色的白芝麻

10個薑黃榛果焦糖核桃麵包

牛奶麵包麵團550克 • 薑黃6克

NOISETTES ET NOIX CARAMÉLISÉES
焦糖榛果與核桃
糖40克 • 水10克 • 核桃40克
• 榛果40克 • 奶油10克
....
10顆榛果
模具用室溫回軟的奶油

10至12個菠菜「小圓麵包」

T45麵粉250克 • 洗淨並去梗的小菠菜葉（pousses d'épinards）150克 • 鹽5克 • 糖10克
• 新鮮酵母10克
• 奶油30克 • 水25克（視菠菜水分調整）
....
黑芝麻

ASTUCE 訣竅

揉好的牛奶麵包麵團可置於大型容器中冷藏24小時，麵團因而可形成筋度，
並有時間發展出香氣。

PÂTE À PAIN AU LAIT 牛奶麵包麵團

• 在攪拌缸中放入麵粉、牛乳、鹽、糖、酵母和奶油。以慢速攪拌4分鐘，接著以中速揉麵8分鐘。

• 將麵團從攪拌缸中取出，擺在工作檯上，接著蓋上濕發酵布。

PETITS PAINS, SAUCE MORNAY, PIMENT D'ESPELETTE
小麵包、莫內起司白醬、艾斯佩雷辣椒粉

• 製作莫內起司白醬。在平底深鍋中，將奶油加熱至融化，接著加入麵粉，一邊攪拌，以小火煮幾分鐘。倒入冷牛乳，煮沸，一邊以打蛋器攪拌。離火，加入蛋黃、乳酪絲、鹽、胡椒和艾斯佩雷辣椒粉，接著拌勻。在直徑4公分的半圓矽膠連模中分別填入30克的莫內起司白醬 (1)，冷凍至硬化（約1小時）。

• 將480克的牛奶麵包麵團分成12個每個約40克，揉成球狀，接著擺在2個30×38公分且鋪有烤盤紙的烤盤上。蓋上保鮮膜，冷藏1小時。

• 取出麵球，用擀麵棍擀成直徑8公分的圓餅。在中央加入冷凍的莫內起司白醬內餡，像錢包般用麵皮包起，形成密合接口 (2)。將麵團收口朝下倒置在2個烤盤上。刷上蛋液，在25℃的發酵箱中靜置發酵1小時30分鐘（見54頁）。

• 以自然對流模式將烤箱預熱至200℃。在烤盤的每個角落擺上高3公分的墊塊（cales），接著蓋上1張烤盤紙和另一個烤盤 (3)，入烤箱烤8分鐘，將表面的烤盤和烤盤紙取下，接著再烤3至4分鐘。

• 出爐後，為麵包刷上橄欖油並撒上艾斯佩雷辣椒粉。擺在網架上散熱和冷卻。

PETITS PAINS AUX ALGUES 海藻小麵包

• 秤出5克的海藻風味奶油（beurre aux algues）共10塊。將每塊奶油搓成長4公分的條狀，蓋上保鮮膜，冷凍至硬化（約20分鐘）。

• 將牛奶麵包麵團分為10個每個約40克，揉成球狀 (4)，接著擺在30×38公分且鋪有烤盤紙的烤盤上，刷上蛋液，在25℃的發酵箱中靜置發酵45分鐘（見54頁）。

• 將烤盤紙移至工作檯上。將直徑1.5公分的小擀麵棍蘸上水，在每顆小麵球中央擀壓 (5) 成凹渠，再輕輕移開。再刷上一次蛋液，接著在凹渠中加上1條海藻風味奶油 (6)，再將烤盤紙移至烤盤上。

• 以自然對流模式將烤箱預熱至160℃。放入烤箱中間高度的位置，烤10分鐘。出爐後，讓小麵包在網架上散熱並冷卻。

PETITS PAINS « BUNS » À L'ENCRE DE SEICHE
墨魚「小圓麵包」

- 將475克的牛奶麵包麵團，放入裝有攪拌槳的電動攪拌機的攪拌缸中，接著加入墨魚汁，以慢速攪拌至麵團的顏色均勻。將麵團從攪拌缸中取出，進行翻麵，蓋上發酵布，在常溫下發酵30至40分鐘。

- 將麵團分為12個每個約40克，揉成球狀 **(1)**，接著擺在30×38公分且鋪有烤盤紙的烤盤上。刷上蛋液，撒上白芝麻 **(2)**，在25至28℃的發酵箱中發酵1小時（見54頁）。

- 以自然對流模式將烤箱預熱至145℃，將烤盤放入烤箱中間高度的位置，烤12分鐘。出爐後，讓小麵包在網架上散熱並冷卻。

PETITS PAINS CURCUMA, NOISETTES ET NOIX CARAMÉLISÉES
薑黃榛果焦糖核桃麵包

- 製作焦糖榛果和核桃。在小型平底深鍋中放入糖和水，接著煮至形成琥珀色，加入榛果和核桃，用刮刀不停攪拌至榛果和核桃充分被焦糖包覆，加入奶油，拌勻，接著擺在烤盤紙上。將榛果和核桃分開，放涼。用大刀約略切碎。

- 將550克的牛奶麵包麵團放入裝有揉麵鉤的電動攪拌機的攪拌缸中，接著加入薑黃和焦糖榛果與核桃 **(3)**，以慢速攪拌至形成均勻麵團，將麵團從攪拌缸中取出，進行翻麵，蓋上發酵布，在常溫下發酵30分鐘。

- 將麵團分為10個每個約60克，揉成球狀，接著放入直徑6公分且高4.5公分的蛋糕圈模（cercle à entremets）中。蛋糕圈模內緣預先刷上奶油，並鋪上烤盤紙，讓烤盤紙超出蛋糕圈模1公分。為麵團刷上蛋液，擺在30×38公分且鋪有烤盤紙的烤盤上，在25℃的發酵箱中發酵1小時30分鐘（見54頁）。

- 以自然對流模式將烤箱預熱至145℃。用剪刀在每個麵團表面剪出十字形 **(4)**，接著在每個麵團中插入1顆榛果，放入烤箱中間高度的位置，烤12至15分鐘。出爐後，讓小麵包在網架上散熱並冷卻。

PETITS PAINS « BUNS » AUX ÉPINARDS
菠菜「小圓麵包」

- 在電動攪拌機的攪拌缸中放入麵粉、菠菜、鹽、糖、酵母、奶油和水 **(5)**。以慢速攪拌4分鐘，接著再以中速揉麵8分鐘。將麵團從攪拌缸中取出，進行翻麵，接著蓋上濕發酵布，在常溫下發酵30至40分鐘。

- 將麵團分為10至12個每個約40克，揉成球狀，接著擺在30×38公分且鋪有烤盤紙的烤盤上。刷上蛋液，撒上黑芝麻 **(6)**，在25至28℃的發酵箱中發酵1小時（見54頁）。

- 以自然對流模式將烤箱預熱至145℃，入烤箱烤12分鐘。出爐後，讓小麵包在網架上散熱並冷卻。

Pains régionaux

地區性特色麵包

Tourte de seigle

黑麥圓麵包

AUVERGNE 奧弗涅

難度 ✿✿✿

這款麵包需要花4天的時間形成液態酵母種和黑麥硬種。

前1天 備料：3至4分鐘・發酵：2小時・冷藏：12小時
當天 備料：6至7分鐘・發酵：2小時30分鐘・烘烤：40分鐘

1個圓麵包

RAFRAÎCHI DE LEVAIN DUR DE SEIGLE 黑麥硬種餵養

黑麥硬種150克

·················

T170 黑麥麵粉（Farine de seigle）500克・40℃的水300克

LEVAIN DE SEIGLE AUVERGNAT 奧弗涅黑麥酵母

液態酵母種220克

·················

約80℃的水50克・T170 黑麥麵粉65克

PÉTRISSAGE 揉麵

約70℃的水190克・T130 黑麥麵粉190克・給宏德（Guérande）鹽7克

·················

藤籃用麵粉

LEVAIN LIQUIDE ET LEVAIN DUR DE SEIGLE
黑麥液態酵母種與硬種（預計**4天**）

• 製作麵種（見35和36頁）。

RAFRAÎCHI DE LEVAIN DUR DE SEIGLE
黑麥硬種餵養（前**1天**）

• 在裝有攪拌槳的電動攪拌機的攪拌缸中放入麵粉、150克的黑麥硬種和水 **(1)**。以慢速攪拌3至4分鐘。將麵團揉成球狀，包上保鮮膜。在常溫下靜置2小時。接著冷藏至隔天。

LEVAIN DE SEIGLE AUVERGNAT
奧弗涅黑麥酵母（當天）

• 在電動攪拌機的攪拌缸中放入水、220克的液態酵母種、220克切成小塊餵養後的黑麥硬種和黑麥麵粉 **(2)**，以慢速攪拌4分鐘。爲攪拌缸中的麵團蓋上保鮮膜，靜置發酵1小時。

PÉTRISSAGE 揉麵

• 在電動攪拌機的攪拌缸中加入熱水、黑麥麵粉和鹽 **(3)**，以中速揉麵2至3分鐘。揉至形成30至35℃的麵團 **(4)**。

POINTAGE 基本發酵

• 加蓋，讓麵團在攪拌缸中靜置發酵1小時15分鐘。

FAÇONNAGE 整形

• 將麵團取出，收口朝上放入直徑24公分且預先撒上麵粉的藤籃中 **(5)**。

APPRÊT 最後發酵

• 在常溫下發酵15分鐘 **(6)**。

CUISSON 烘烤

• 將30×38公分的烤盤擺在烤箱中央高度位置，以自然對流模式將烤箱預熱至260℃。

• 將熱烤盤取出，擺在網架上。將藤籃倒扣在烤盤紙上 **(7)**，接著輕輕擺在熱烤盤上。放入烤箱，加入蒸氣（見50頁），在10分鐘後讓蒸氣散逸，並將蒸氣關掉，繼續烤30分鐘，或是烤至麵包中央的溫度至少達98℃**(8)(9)**。

• 出爐後，將圓麵包擺在網架上放涼。

Pain brié

布里麵包

NORMANDIE 諾曼第

難度 ♢

前1天 備料：10分鐘・發酵：30分鐘・冷藏：12小時
當天 備料：11分鐘・發酵：2小時5分鐘・烘烤：40分鐘
・基礎溫度：60

2個麵包

發酵麵團350克

PÉTRISSAGE 揉麵

水140克・新鮮酵母5克・T65麵粉350克・鹽7克
・常溫奶油10克

PÂTE FERMENTÉE 發酵麵團（前1天）

• 製作發酵麵團，冷藏至隔天（見33頁）。

PÉTRISSAGE 揉麵（當天）

• 在電動攪拌機的攪拌缸中放入水、酵母、麵粉、切成小塊的發酵麵團、鹽和奶油。以慢速揉麵10分鐘，接著再以中速攪拌1分鐘。將形成相當乾硬的麵團。

DIVISION 分割

• 將麵團分為2個每個約430克，將每塊麵團初步成形為密實的球狀。

POINTAGE 基本發酵

• 為麵團蓋上發酵布，在常溫下鬆弛5分鐘。

FAÇONNAGE 整形

• 將麵團整成約20公分的長橢圓形，擺在鋪有烤盤紙的烤盤上。

• 用刀在中央縱向劃出1道切口，接著在2邊各劃出規則間距的2條切口。

APPRÊT 最後發酵

• 在25℃的發酵箱中靜置發酵2小時（見54頁）。

CUISSON 烘烤

• 將30×38公分的烤盤擺在烤箱中央高度位置，以自然對流模式將烤箱預熱至210℃。

• 將熱烤盤取出，擺在網架上，接著在熱烤盤上鋪烤盤紙。放入烤箱，加入蒸氣（見50頁），烤40分鐘，在30分鐘後，如果麵包過度上色，請將溫度調低至200℃。

• 出爐後，讓麵包在網架上散熱並冷卻。

Pain de Lodève

洛代夫

OCCITANIE 奧克西塔尼大區

難度 ♙ ♙

這款麵包需要花4天的時間形成液態酵母種。

前1天 備料：8分鐘 • **發酵：**1小時30分鐘 • **冷藏：**12小時
當天 發酵：1小時45分鐘至2小時 • **烘烤：**20至25分鐘
• **基礎溫度：**56

4個麵包

液態酵母種250克

PÉTRISSAGE 揉麵

新鮮酵母3克 • 水270克 • 傳統法國麵粉500克
• 鹽15克 • 後加水（bassinage）40克
....
最後修飾用麵粉

LEVAIN LIQUIDE 液態酵母種（預計4天）
• 製作液態酵母種（見35頁）。

PÉTRISSAGE 揉麵（前1天）
• 在電動攪拌機的攪拌缸中放入酵母、水、麵粉、250克的液態酵母種和鹽。以慢速攪拌3分鐘，接著再以中速揉麵5分鐘，在最後2分鐘緩緩倒入後加水（bassinage）讓麵團吸收。

• 放入容器中蓋上濕發酵布，在常溫下靜置發酵1小時30分鐘。進行翻麵，冷藏至隔天。

PRÉFAÇONNAGE 初步成形（當天）
• 將麵團折兩次，從底部朝中間折起，以及從上面朝中央折起，將麵團整成25×20公分的長方形。擺在發酵布上，密合處朝下。

POINTAGE 基本發酵
• 在常溫下發酵1小時。在麵團表面篩上麵粉。

DIVISION ET FAÇONNAGE 分割與整形
• 用刀或切麵刀切成4個，每個約260克的三角形，翻面擺在鋪有發酵布的烤盤上，彼此保留間隔。

APPRÊT 最後發酵
• 蓋上發酵布，在常溫下膨脹45分鐘至1小時。

CUISSON 烘烤
• 將30×38公分的烤盤擺在烤箱中央高度位置，以自然對流模式將烤箱預熱至230℃。

• 將熱烤盤取出，擺在網架上。用鏟子為每塊三角形麵團輕輕翻面，擺在烤盤上，接著用刀在麵團表面劃出1道切口。放入烤箱，加入蒸氣（見50頁），烤20至25分鐘。

• 出爐後，讓麵包在網架上散熱並冷卻。

Pain Sübrot

敍布羅麵包

ALSACE 阿爾薩斯

難度 ⚜ ⚜

這款麵包需要花4天的時間形成硬種。

備料：10分鐘・發酵：2小時30分鐘・烘烤：20至30分鐘
・基礎溫度：56

2個麵包

硬種100克

PÉTRISSAGE 揉麵
傳統法國麵粉325克・鹽6克
・新鮮酵母2克・水205克
....
葵花油

UN « PAIN À UN SOU »
「銅板麵包」

過去稱為「銅板麵包」的敍布羅麵包
源自阿爾薩斯地區（Alsace），
尤其是斯特拉斯堡（Strasbourg）。
從1870年開始（可能還更早），
在兩次戰爭之間，因為價格低廉而大獲成功。
由於外酥內軟而成為深受喜愛的早餐，
還可搭配各地的
熟食冷肉製品（charcuteries）享用。

LEVAIN DUR 硬種（預計**4天**）

• 製作硬種（見36頁）。

PÉTRISSAGE 揉麵

• 在電動攪拌機的攪拌缸中，以慢速攪拌麵粉、硬種、鹽、酵母和水5分鐘，接著以高速揉麵5分鐘。將形成硬質地的麵團。完成的麵團應爲23至25℃。

POINTAGE 基本發酵

• 置於蓋上濕發酵布的容器中，在常溫下發酵45分鐘。

DIVISION ET FAÇONNAGE 分割與整形

• 將麵團分爲2個，每個約310克 **(1)**。約略揉成球狀，在常溫下鬆弛15分鐘 **(2)**。

• 用擀麵棍將麵團擀成2個15×13公分的長方形 **(3)**。爲其中一塊長方形麵團刷上薄薄一層油，再疊上第2塊麵團 **(4)(5)**。

• 縱切成2條長方形麵團，並將每塊麵團再切成2個7.5×6.5公分的長方形 **(6)(7)**。在發酵布上將長方形麵團兩兩並排且靠攏直立擺放，尖端朝上，形成菱形 **(8)**。

APPRÊT 最後發酵

• 蓋上濕發酵布，在常溫下膨脹1小時30分鐘。

CUISSON 烘烤

• 將30×38公分的烤盤擺在烤箱中央高度位置，以自然對流模式將烤箱預熱至 250℃。將熱烤盤取出，擺在網架上。用手將麵團輕輕放在烤盤紙上，接著移至熱烤盤上 **(9)**。放入烤箱，加入蒸氣（見50頁），烤20至30分鐘。

• 出爐後，讓麵包在網架上散熱並冷卻。

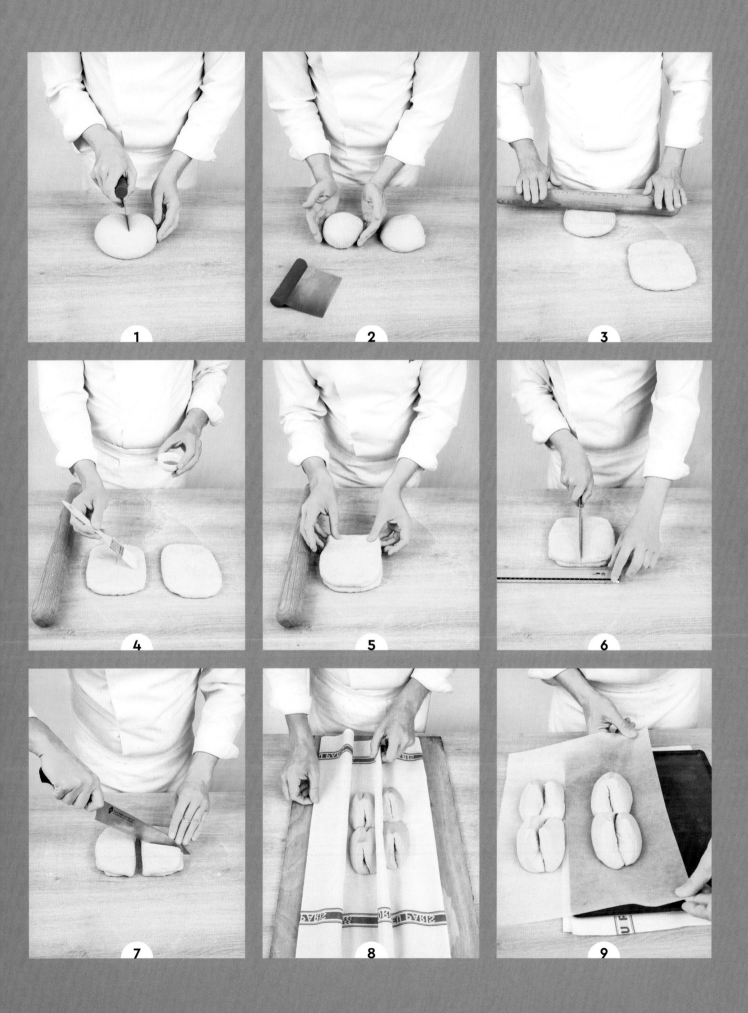

Fougasse aux olives

橄欖扁平麵包

PROVENCE 普羅旺斯

難度 ♢

備料：13分鐘 • 發酵：2小時40分鐘至2小時55分鐘 • 烘烤：20至25分鐘
• 基礎溫度：54

2個扁平麵包

新鮮酵母5克 • 水330克 • T65麵粉540克
• 鹽11克 • 後加橄欖油（huile d'olive de bassinage）40克
....
切成大塊的卡拉馬塔（Kalamata）橄欖150克
....
最後修飾用橄欖油

PÉTRISSAGE 揉麵

• 在電動攪拌機的攪拌缸中放入酵母、水、麵粉和鹽。以慢速攪拌5分鐘，接著以中速揉麵8分鐘。以慢速加入細流狀的橄欖油，接著攪拌至形成均勻麵團。加入橄欖，接著以慢速攪拌至充分混合。

• 爲容器內壁刷上橄欖油，接著放入麵團。

POINTAGE 基本發酵

• 蓋上濕發酵布，在常溫下鬆弛1小時。進行翻麵，加蓋，在常溫下再鬆弛1小時。

DIVISION ET FAÇONNAGE 分割與整形

• 將麵團分爲2個，每個約530克，將每塊麵團初步成形爲橢圓形，不要過度壓整麵團。蓋上發酵布，在常溫下鬆弛10分鐘。

• 用手或擀麵棍按壓至形成25×18公分的長橢圓形 **(1)**。擺在2個30×38公分且鋪有烤盤紙的烤盤上。

• 以切麵刀切出7道切口，形成扁平麵包的特殊形狀 **(2)**。用手將切口輕輕展開 **(3)**。

APPRÊT 最後發酵

• 蓋上發酵布，在常溫下發酵30至45分鐘。

CUISSON 烘烤

• 以自然對流模式將烤箱預熱至 230℃。將2個烤盤放入烤箱，加入蒸氣（見50頁），烤20至25分鐘。

• 出爐後，將麵包擺在網架上，刷上橄欖油。

Pain de Beaucaire

博凱爾麵包

OCCITANIE 奧克西塔尼大區

難度 ☺ ☺

這款麵包需要花4天的時間形成硬種。

備料：15分鐘 • **發酵**：3小時35分鐘 • **烘烤**：20至25分鐘 • **基礎溫度**：58

3個麵包

硬種100克

PÉTRISSAGE 揉麵
法國傳統麵粉250克 • 新鮮酵母0.5克 • 鹽5克 • 水165克

APPAREIL À LISSAGE 表面平滑用
水125克 • T55麵粉25克

UN PAIN D'ANTAN TRÈS SAVOUREUX
極美味的古早味麵包

這款漂亮的小麵包，特色是具有美麗的裂口，
被視為是法國最可口的麵包之一。
傳統上會使用來自奧弗涅（Auvergne）利馬涅
平原（plaine de Limagne）的軟質小麥，
所製成的優質麵粉來製作，
而該平原以肥沃的土壤聞名。
含高比例的酵種，以蜂巢狀的麵包內側，
和細緻的麵包外皮著稱。

LEVAIN DUR 硬種（預計4天）

· 製作硬種（見36頁）。

PÉTRISSAGE 揉麵

· 在電動攪拌機的攪拌缸中放入麵粉、酵母、鹽、水和100克切成小塊的硬種 **(1)**。以慢速攪拌15分鐘，揉至麵團終溫25℃**(2)**。

POINTAGE 基本發酵

· 蓋上濕發酵布，在常溫下發酵20分鐘。

APPAREIL À LISSAGE 表面平滑用

· 在小碗中混合水和麵粉，形成「麵糊」狀 **(3)**。

DIVISION ET FAÇONNAGE 分割與整形

· 用手將麵團壓扁，接著初步成形成約30×18公分的長方形 **(4)**。在常溫下鬆弛20分鐘。

· 進行一次單折（見206頁）**(5)**。鬆弛30分鐘。

· 用擀麵棍將麵團擀至形成22×17公分且厚2.5公分的長方形。用糕點刷在表面刷上平滑用的麵糊 **(6)**。鬆弛10分鐘。

· 將麵團切半（每塊11×17公分）**(7)**，並將2塊麵團疊合。鬆弛至少15分鐘。

· 用切麵刀或刀切成3個，每個約170克的麵團（每塊5.5×11公分）**(8)**。將麵團切面朝下地豎直在鋪有發酵布（預先撒上麵粉）的烤盤上 **(9)**，接著將發酵布折起，在麵團之間形成夠高的間隔，以免麵團攤開。

APPRÊT 最後發酵

· 蓋上發酵布，在常溫下膨脹2小時。

CUISSON 烘烤

· 將30×38公分的烤盤擺在烤箱中央高度位置，以自然對流模式將烤箱預熱至260℃。

· 將熱烤盤取出，擺在網架上。用鏟子輕輕擺上麵團。放入烤箱，加入蒸氣（見50頁），烤20至25分鐘。

· 出爐後，讓麵包在網架上放涼。

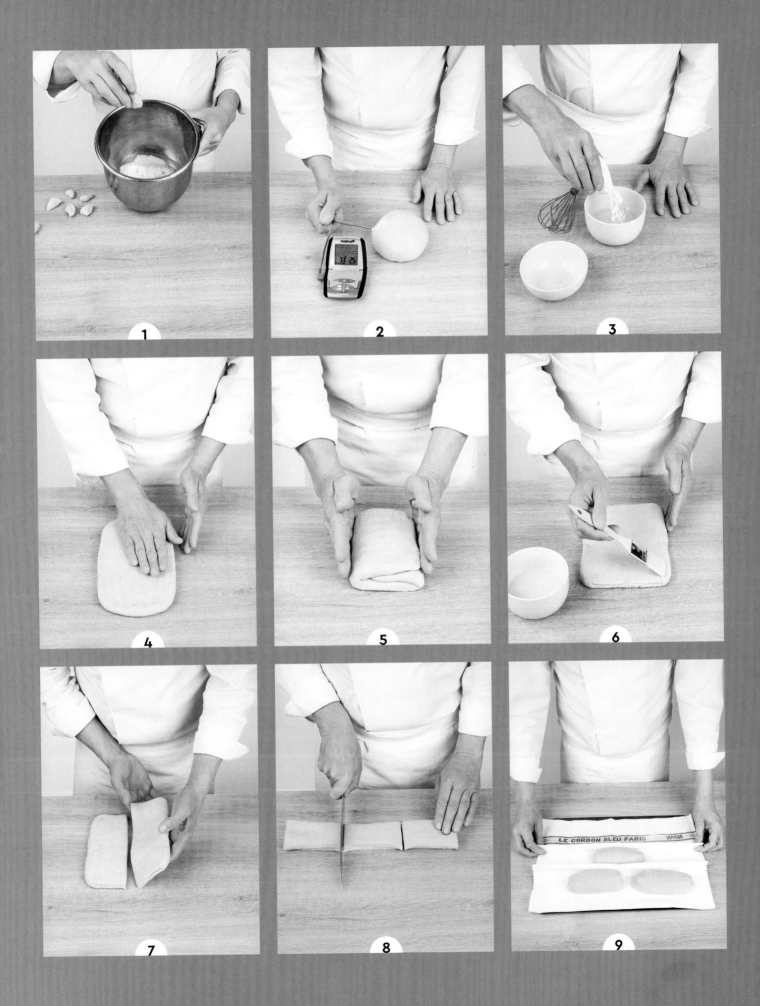

Main de Nice

尼斯之掌

PROVENCE 普羅旺斯

難度 ♧ ♧

前2天 備料：10分鐘・發酵：30分鐘・冷藏：12小時
前1天 備料：8分鐘・發酵：30分鐘・冷藏：12小時
當天 發酵：1小時・烘烤：20分鐘
・基礎溫度：54

2個麵包

發酵麵團50克

PÉTRISSAGE 揉麵
傳統法國麵粉330克・水185克・鹽6克
・新鮮酵母3克・橄欖油26克

UN PAIN RÉGIONAL DEVENU CÉLÈBRE
出名的地區麵包

這形狀猶如四根手指的麵包，
在1952年因為一張由羅伯特・杜瓦諾（Robert
Doisneau）所拍攝畢卡索（Pablo Picasso）的照片，
而令人印象深刻。

ASTUCE訣竅：為了將麵團擀至1公尺長，
必須分多次進行，以免將麵皮撕裂，
請在工作檯上撒麵粉，以免沾黏。
最後，在塑成手指形之前，
用糕點刷刷去多餘的麵粉。

PÂTE FERMENTÉE 發酵麵團（前2天）

- 製作發酵麵團，冷藏至隔天（見33頁）。

PÉTRISSAGE 揉麵（前1天）

- 在電動攪拌機的攪拌缸中放入麵粉、水、鹽、酵母、50克切成小塊的發酵麵團和橄欖油。以慢速攪拌3分鐘，接著以中速揉麵5分鐘。麵團攪拌完成溫度23℃。

POINTAGE 基本發酵

- 將麵團放入容器中，蓋上發酵布，在常溫下發酵30分鐘。接著冷藏至隔天。

DIVISION ET FAÇONNAGE 分割與整形（當天）

- 使用前30分鐘，將容器從冰箱中取出。將麵團分為2個，每個約300克，將每個麵團初步成形為長橢圓形 (1)，靜置鬆弛30分鐘。

- 用擀麵棍將麵團擀至極薄，形成約1公尺 ×15公分的長條狀 (2)。

- 從每個長條的兩端劃出約45公分長的2段切口 (3)。從內側將每條麵皮拿起，朝外斜向捲起，形成圓錐形 (4)。

- 捲出4根手指後，將下方的2根手指朝上方的2根手指折過去，向外展開，形成一隻手 (5)。將2個掌形麵包擺在2個30×38公分且鋪有烤盤紙的烤盤上 (6)。

APPRÊT 最後發酵

- 蓋上濕發酵布，在常溫下膨脹1小時。

CUISSON 烘烤

- 以自然對流模式將烤箱預熱至250℃。放入烤箱中間高度的位置，加入蒸氣（見50頁），烤20分鐘。

- 出爐後，讓麵包在網架上散熱並冷卻。

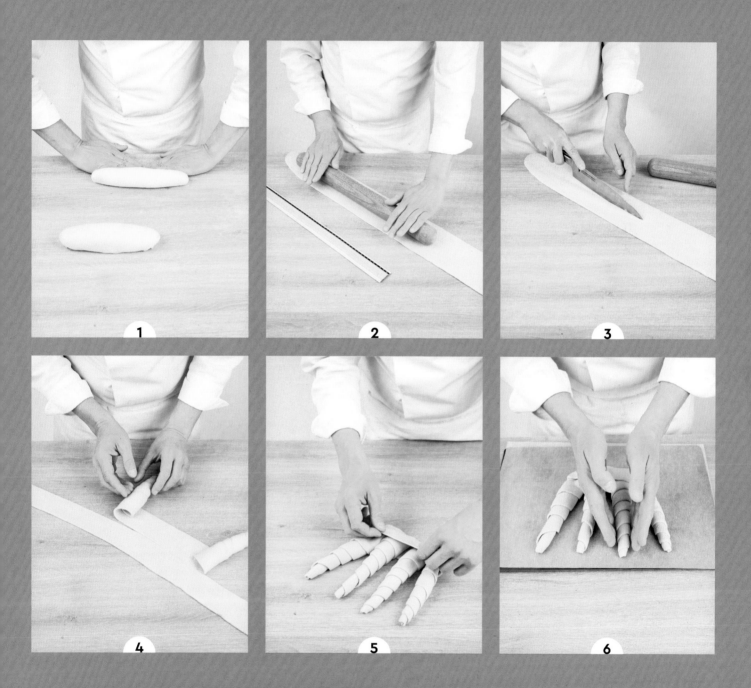

Pains internationaux

世界各國的麵包

Focaccia

佛卡夏

ITALIE 義大利

難度 ♙

前1天 備料：10分鐘・**發酵：**30分鐘・**冷藏：**12小時
當天 備料：8分鐘・**發酵：**2小時15分鐘・**烘烤：**20至25分鐘
・**基礎溫度：**54

佛卡夏1個

發酵麵團100克

PÉTRISSAGE 揉麵

T55麵粉425克・水350克・馬鈴薯粉（flocons de pomme de terre）75克・鹽10克
・新鮮酵母7.5克・普羅旺斯香草（herbes de Provence）5克・後加橄欖油（huile d'olive de bassinage）100克

FINITION 最後修飾

橄欖油・鹽之花・迷迭香幾枝

PÂTE FERMENTÉE 發酵麵團（前1天）
・製作發酵麵團，冷藏至隔天（見33頁）。

PÉTRISSAGE 揉麵（當天）
・在電動攪拌機的攪拌缸中放入麵粉、水、切成小塊的發酵麵團、馬鈴薯粉、鹽、酵母和普羅旺斯香草。以慢速攪拌4分鐘，接著以中速揉麵4分鐘。慢速攪拌以細線狀倒入的橄欖油，最後再以中速攪拌，直到麵團不再沾黏攪拌缸內壁，麵團終溫25℃。

POINTAGE 基本發酵
・將麵團從攪拌缸中取出，放入刷上橄欖油的容器中。加蓋，靜置發酵20分鐘。進行翻麵，再靜置發酵40分鐘，再進行一次翻麵，靜置發酵30分鐘。

FAÇONNAGE 整形
・在38×28公分的高邊烤盤上鋪烤盤紙，用手將麵團壓平至符合烤盤的形狀。

APPRÊT 最後發酵
・在常溫下發酵45分鐘。

CUISSON 烘烤
・以自然對流模式將烤箱預熱至240℃。用手指戳入麵團，在麵團表面戳出小洞，然後淋入橄欖油。放入烤箱中間高度的位置，加入蒸氣（見50頁），烤20至25分鐘。

・出爐後，將佛卡夏從烤盤上取出，接著擺在網架上散熱並冷卻。刷上橄欖油，撒上鹽之花，接著加上撕成小段的迷迭香葉。

Ciabatta

義大利拖鞋麵包

ITALIE 義大利

難度 ♡

前1天 備料：10分鐘・發酵：30分鐘・冷藏：12小時
當天 備料：10分鐘・發酵：2小時45分鐘・烘烤：20至25分鐘
・基礎溫度：54

3個拖鞋麵包

發酵麵團100克

PÉTRISSAGE 揉麵

T45精白麵粉500克・鹽12.5克・新鮮酵母8克・水375克
・橄欖油40克・後加水（bassinage）75克

FINITION 最後修飾

橄欖油・麵粉・細磨小麥粉（Semoule fine）

PÂTE FERMENTÉE 發酵麵團（前1天）

• 製作發酵麵團，冷藏至隔天（見33頁）。

PÉTRISSAGE 揉麵（當天）

• 在電動攪拌機的攪拌缸中放入麵粉、鹽、酵母、切成小塊
的發酵麵團和水。以慢速攪拌4分鐘，接著以中速揉麵4
分鐘。

• 慢速攪拌以細線狀倒入的橄欖油，最後再以中速攪拌，緩
緩加入後加水（bassinage），攪拌至麵團不再沾黏攪拌缸
內壁。麵團終溫25℃。

POINTAGE 基本發酵

• 將麵團從攪拌缸中取出，放入刷上橄欖油的容器中，加
蓋，靜置發酵20分鐘。進行翻麵，再靜置發酵40分鐘。再
進行一次翻麵，靜置發酵1小時。

DIVISION ET FAÇONNAGE 分割與整形

• 在工作檯上撒麵粉，用手將麵團壓扁，以切麵刀切成3
個，每個約370克的麵團。在一塊發酵布上撒預先混合好
的麵粉和細磨小麥粉，接著將麵團倒置在發酵布上。

APPRÊT 最後發酵

• 蓋上濕發酵布，在常溫下發酵45分鐘。

CUISSON 烘烤

• 將30×38公分的烤盤擺在烤箱中央高度位置，以自然對
流模式將烤箱預熱至240℃。

• 將熱烤盤取出，擺在網架上。用鏟子為麵團輕輕翻面，正
面擺在烤盤上。放入烤箱，加入蒸氣（見50頁），烤20至
25分鐘。

• 出爐後，讓拖鞋麵包在網架上散熱並冷卻。

Ekmek

土耳其麵包

TURQUIE 土耳其

難度 ☁

備料：11分鐘・發酵：2小時至2小時15分鐘・烘烤：30至40分鐘
・基礎溫度：65

1個土耳其麵包

新鮮酵母3克・糖5克・水125克・T65麵粉175克
・泡打粉4克・白乳酪（fromage blanc）35克・鹽3克・T130 黑麥麵粉75克

FINITION 最後修飾
麵粉・橄欖油・烤成金黃色的白芝麻

PÉTRISSAGE 揉麵

• 在電動攪拌機的攪拌缸中放入酵母、糖、水、麵粉、泡打粉、白乳酪、鹽和麵粉。以慢速攪拌4分鐘，接著以中速揉麵7分鐘，揉至麵團變得平滑有彈性。

POINTAGE 基本發酵

• 在工作檯上將麵團揉成球狀。在表面撒上少許麵粉，接著蓋上發酵布，在常溫下靜置發酵45分鐘。

FAÇONNAGE 整形

• 將麵團初步成形爲長橢圓形（見42至43頁）。用擀麵棍擀成厚1.5公分的橢圓形，刷上橄欖油，接著在表面撒上烤成金黃色的白芝麻粒，擺在30×38公分且鋪有烤盤紙的烤盤上，用切麵刀（coupe-pâte）留下外緣的切出5道深的切口但不切斷。

APPRÊT 最後發酵

• 在25℃的發酵箱中靜置發酵1小時15分鐘至1小時30分鐘（見54頁）。

CUISSON 烘烤

• 以自然對流模式將烤箱預熱至220℃，接著將烤盤擺在烤箱中央高度的位置烘烤30至40分鐘。

• 出爐後，讓土耳其麵包在網架上散熱並冷卻。

Pita

口袋餅

MOYEN-ORIENT ET SUD-EST DE L'EUROPE 中東和東南歐

難度 ○

────────────

這款麵包需要花4天的時間形成液態酵母種。

備料：8至10分鐘 • 發酵：3小時15分鐘至4小時 • 烘烤：3至4分鐘

8個口袋餅

液態酵母種75克

PÉTRISSAGE 揉麵

T55麵粉500克 • 鹽10克 • 新鮮酵母4克
• 橄欖油10克 • 水300克

LEVAIN LIQUIDE 液態酵母種（預計4天）
• 製作液態酵母種（見35頁）。

PÉTRISSAGE 揉麵
• 在電動攪拌機的攪拌缸中倒入麵粉、鹽、酵母、液態酵母種、橄欖油和水。以慢速攪拌2至3分鐘，接著再以中速揉麵6至7分鐘。

POINTAGE 基本發酵
• 將麵團揉成球狀，蓋上濕發酵布，在常溫下發酵2小時30分鐘至3小時。

DIVISION ET FAÇONNAGE 分割與整形
• 將麵團分為8個，每個約110克，將每塊麵團初步成形為緊實的球狀。

APPRÊT 最後發酵
• 蓋上濕發酵布，在常溫下膨脹45分鐘至1小時。

CUISSON 烘烤
• 在烤箱中放入2個30×38公分的烤盤，以自然對流模式將烤箱預熱至270℃。
• 用擀麵棍將每顆麵球擀成直徑約14公分的圓餅。
• 將熱烤盤一一取出，擺在網架上。用鏟子將圓餅擺在烤盤上，入烤箱烘烤3至4分鐘。
• 出爐後，將口袋餅夾在2塊發酵布之間放涼。

Batbout

摩洛哥圓餅

MAROC 摩洛哥

難度 ♔

備料：11分鐘・發酵：1小時55分鐘至2小時25分鐘・烘烤：5分鐘
基礎溫度：65

12個摩洛哥圓餅

水320克・新鮮酵母7克・糖30克・T55麵粉400克
・T150全麥麵粉50克・硬粒小麥粉（semoule de blé dur）50克・鹽10克
・後加橄欖油（huile d'olive de bassinage）50克

PÉTRISSAGE 揉麵

• 在電動攪拌機的攪拌缸中放入水、酵母、糖、2種麵粉、硬粒小麥粉和鹽。以慢速攪拌4分鐘，接著再以中速揉麵7分鐘，直到麵團變得平滑有彈性。在最後2分鐘緩緩倒入後加橄欖油持續揉麵，完成的麵團應軟而不黏。

POINTAGE 基本發酵

• 蓋上發酵布，在常溫下發酵45分鐘。

DIVISION ET FAÇONNAGE 分割與整形

• 將麵團分為12個每個約70克，將每塊麵團初步成形為平滑的球狀。在表面撒上少許麵粉，蓋上發酵布，鬆弛約10分鐘。

• 用擀麵棍將每個麵球擀成直徑11公分的圓餅，擺在發酵布上，加蓋。

APPRÊT 最後發酵

• 靜置膨脹約1小時至1小時30分鐘。

CUISSON 烘烤

• 以中火加熱鑄鐵平底煎鍋或電熱爐。分批煎摩洛哥圓餅，翻面數次，煎至兩面都呈現金黃色。顏色會有點不均勻，因為麵餅在加熱過程中會膨脹。

• 摩洛哥圓餅一煎好，就置於網架上放涼。

Petits pains bao

cuits à la vapeur

蒸麵餅

VIÊT NAM 越南

這些亞洲小麵餅以蒸氣蒸製而成，搭配豬肉和醃漬蔬菜，
非常適合慶祝農曆新年。

難度 ♡

備料：20分鐘 • 發酵：3小時30分鐘 • 烘烤：8分鐘

5個蒸麵餅

T55麵粉175克 • 糖3克 • 新鮮酵母3克 • 糖1小撮
• 溫水1/3大匙 • 牛乳100克 • 葵花油3克 • 米醋3克
• 泡打粉2克 • 水65克
....
葵花油（刷在表面用）

PÉTRISSAGE 揉麵

• 在碗中混合麵粉和糖，在中央挖出凹槽。在另一個碗中，用溫水初步混合酵母和糖，接著連同牛乳、葵花油、米醋、泡打粉和水一起倒入凹槽中，用刮板攪拌至形成麵團。

• 在工作檯上撒少許麵粉，揉麵10至15分鐘，直到形成均勻且平滑的麵團。將麵團放入刷有少量油的碗中，接著蓋上濕發酵布。

POINTAGE 基本發酵

• 在常溫下發酵2小時。

DIVISION ET FAÇONNAGE 分割與整形

• 用擀麵棍擀至形成厚度約3公分的麵團，切成5個每個70克。滾圓，蓋上發酵布，鬆弛2至3分鐘。

• 將烤盤紙裁成5個邊長15公分的正方形，將麵團擀成直徑約13公分的圓餅狀。在每張正方形烤盤紙上放上1塊麵餅，接著在表面刷上少許油。

APPRÊT 最後發酵

• 將麵餅擺在烤盤上，蓋上發酵布，在常溫下膨脹1小時30分鐘，直到麵餅的體積膨脹為2倍。

CUISSON 烘烤

• 以中大火加熱大型的竹製蒸籠，連同烤盤紙一起放入蒸麵餅8分鐘，直到麵餅膨脹。

• 將麵餅縱向分成兩半，不要完全撕開，填入你選擇的餡料。

Challah

哈拉麵包

CUISINE JUIVE D'EUROPE DE L'EST 東歐猶太美食

難度 ♡

備料：13分鐘 • 發酵：2小時45分鐘 • 烘烤：20至25分鐘

2個哈拉麵包

T55麵粉400克 • 水160克 • 新鮮酵母10克
• 蜂蜜10克 • 鹽8克 • 奶油60克 • 蛋100克（2顆）• 糖5克

DÉCOR 裝飾
烤成金黃色的白芝麻 • 黑芝麻 • 燕麥片

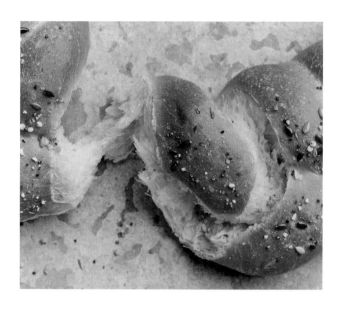

UNE TRESSE DE TRADITION
傳統辮子麵包

哈拉麵包是一種辮子狀的布里歐（brioche），
是每周為安息日準備的傳統猶太麵包。
在這段期間，桌上會擺放兩個哈拉麵包，
並在周五晚上和整個周六期間品嚐，
用於紀念大多數的猶太節日。
在慶祝猶太新年（Roch Hachana）時，
會將哈拉麵包製成圓形。

PÉTRISSAGE 揉麵

• 在電動攪拌機的攪拌缸中放入麵粉、水、酵母、蜂蜜、鹽、奶油、蛋和糖。以慢速攪拌5分鐘，接著再以中速揉麵8分鐘。麵團攪拌完成溫度24℃。

POINTAGE 基本發酵

• 將麵團放入加蓋的大容器中，在常溫下靜置發酵1小時。

DIVISION ET FAÇONNAGE 分割與整形

• 將麵團分為2個，每個約370克，接著將每塊麵團初步成形為16公分的長橢圓形（見42至43頁）。在常溫下靜置鬆弛15分鐘。

• 用刀或切麵刀從麵團長邊切成3條 (1)。用雙手將每塊麵團從中央朝兩端滾動搓揉成長條形，直到形成75公分的長度。

• 將3條麵條編成辮子 (2)，二端接合形成圓環狀，接著將每個圓環擺在30×38公分且鋪有烤盤紙的烤盤上，刷上水，撒上預先混合烤成金黃色的白芝麻粒、黑芝麻粒和燕麥片 (3)(4)。

APPRÊT 最後發酵

• 在21至24℃的發酵箱中靜置發酵1小時30分鐘（見54頁）。

CUISSON 烘烤

• 以自然對流模式將烤箱預熱至190℃。將2個烤盤放入烤箱，接著將溫度調低為175℃，烤20至25分鐘。

• 出爐後，將哈拉麵包置於2個網架上散熱並冷卻。

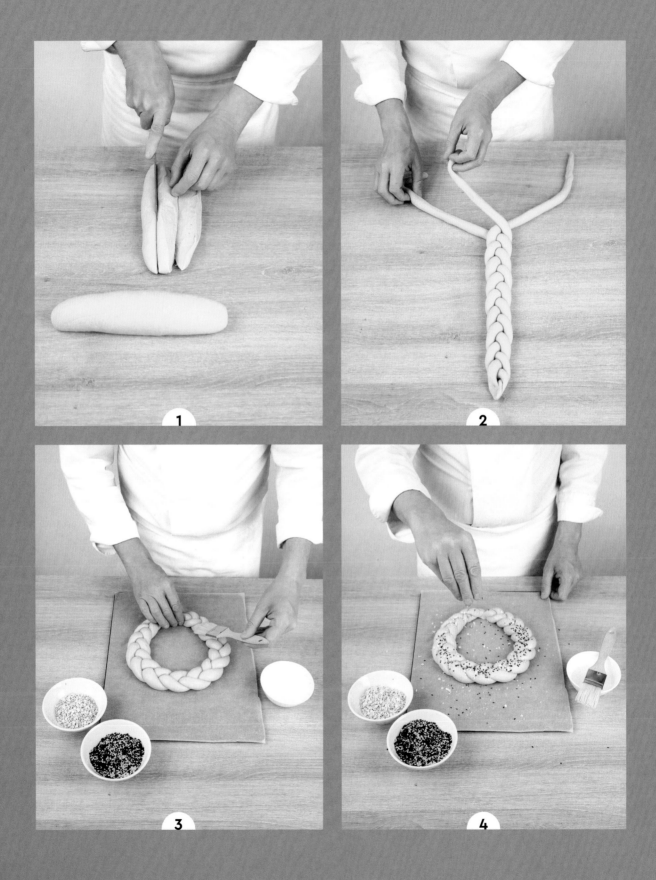

Vollkornbrot

全穀粉麵包

ALLEMAGNE 德國

難度 ♙

前1天 備料：5分鐘 • 發酵：12小時
當天 烘烤：1小時30分鐘
基礎溫度：70

全穀粉麵包1個

新鮮酵母1克 • 水100克 • T110一粒小麥粉（farine de petit épeautre T110）100克
• 黑麥（grains de seigle）10克 • 碎小麥（blé concassé）8克 • 金黃亞麻仁籽30克
• 葵花籽60克 • 烤成金黃色的白芝麻6克 • 鹽4克
• 糖4克 • 酪乳（babeurre）100克 • 黑啤酒（bière brune）50克

DÉCOR 裝飾
燕麥片30克

PÉTRISSAGE 揉麵（前1天）

• 在裝有攪拌槳的電動攪拌機的攪拌缸中，放入酵母、水、麵粉、黑麥、碎小麥、亞麻仁籽、葵花籽、芝麻、鹽、糖、酪乳和黑啤酒。以中速攪拌5分鐘，加蓋，在常溫下靜置至隔天。

FAÇONNAGE 整形（當天）

• 在18×8公分的模具內鋪上烤盤紙。倒入麵糊，接著在整個表面撒上燕麥片。

CUISSON 烘烤

• 以自然對流模式將烤箱預熱至180℃。放入烤箱中間高度的位置，加入蒸氣（見50頁），烤1小時30分鐘。

• 將麵包從模具中取出，擺在網架上散熱和冷卻。

Pain Borodinsky

俄羅斯黑麥麵包

RUSSIE 俄羅斯

難度 ♡

酵母製作 5 天

當天（第6天） 備料：10分鐘 • 發酵：6小時 • 烘烤：1小時

黑麥麵包1個

LEVAIN DE SEIGLE 黑麥酵母

T170 黑麥麵粉 270克 • 水 500克

PÉTRISSAGE 揉麵

30℃的水100克 • T170 黑麥麵粉250克 • 海鹽5克 • 黑糖蜜（mélasse noire）20克
• 麥芽15克 • 香荽籽2克

DÉCOR 裝飾

香荽籽10克

LEVAIN DE SEIGLE 黑麥酵母（第1至4天）

• 第1天。在碗中用刮刀混合30克的麵粉和50克28℃的水。蓋上保鮮膜，在常溫下靜置至隔天。

• 第2天。在第1天的備料中加入30克的麵粉和50克28℃的水。拌勻，加蓋，在常溫下靜置至隔天。

• 第3天。在第2天的備料中加入30克的麵粉和50克28℃的水。拌勻，加蓋，在常溫下靜置至隔天。

• 第4天。在第3天的備料中加入30克的麵粉和50克28℃的水。拌勻，加蓋，在常溫下靜置至隔天。

LEVAIN DE TOUT POINT 完成種（第5天）

• 第5天。從第4天的備料中取50克。加入150克的麵粉和300克28℃的水。以慢速揉麵3分鐘，以形成較稀的麵糊。蓋上保鮮膜，在常溫下靜置發酵12至18小時。

PÉTRISSAGE 揉麵（第6天）

• 在裝有攪拌槳的電動攪拌機的攪拌缸中，混合水、麵粉、鹽、糖蜜、麥芽、香荽籽和第5天的續種酵種270克，以慢速揉麵5分鐘。

• 將麵團從攪拌缸中取出，擺在濕潤的工作檯上，接著用手揉麵幾分鐘。

FAÇONNAGE 整形

• 在18×8公分的模具內鋪上烤盤紙，倒入麵團。

APPRÊT 最後發酵

• 蓋上發酵布，在常溫下膨脹6小時。輕輕在表面刷上水，撒上香荽籽。

CUISSON 烘烤

• 以自然對流模式將烤箱預熱至180℃。放入烤箱中間高度的位置，加入蒸氣（見50頁），烤1小時。

• 將麵包脫模，擺在網架上散熱和冷卻。

Pain de maïs (broa)

玉米麵包

PORTUGAL 葡萄牙

難度 ♡

前1天 備料：15分鐘・**冷藏**：12小時
當天 備料：7至9分鐘・**發酵**：2小時30分鐘至3小時30分鐘・**烘烤**：20至30分鐘
基礎溫度：60

2個玉米麵包

SEMOULE ÉBOUILLANTÉE 浸泡玉米粉
玉米粉（semoule de maïs）125克・沸水125克

....

發酵麵團100克

PÉTRISSAGE 揉麵
T55麵粉440克・鹽10克・新鮮酵母3克
・打碎的新鮮甜玉米或罐裝甜玉米75克・水260克

FINITION 最後修飾
模具用室溫回軟的奶油・玉米粉

SEMOULE ÉBOUILLANTÉE 浸泡玉米粉（前1天）

- 在碗中，用打蛋器將玉米粉和沸水攪拌均勻。蓋上保鮮膜，冷藏至隔天。

PÂTE FERMENTÉE 發酵麵團

- 製作發酵麵團，冷藏至隔天（見33頁）。

PÉTRISSAGE 揉麵（當天）

- 在電動攪拌機的攪拌缸中放入浸泡好的玉米糊、麵粉、鹽、酵母、玉米、切成小塊的發酵麵團和水。以慢速攪拌2至3分鐘，接著以中速揉麵5至6分鐘。

POINTAGE 基本發酵

- 揉成球狀，靜置鬆弛15分鐘。接著再將麵團揉成緊實的球狀。蓋上濕發酵布，在常溫下靜置發酵1小時至1小時30分鐘。

DIVISION ET FAÇONNAGE 分割與整形

- 將麵團分割成2塊每塊約560克，接著整形搓長約15公分。蓋上濕發酵布，在常溫下鬆弛15分鐘。。

- 為2個20×8×8公分的模具刷上奶油。將每個麵團再度搓揉至緊實，並搓長至約20公分。在麵團表面刷上水，再沾裹上玉米粉，擺在模具中，密合處朝下。

APPRÊT 最後發酵

- 為模具蓋上濕發酵布，在25℃的發酵箱中靜置發酵1小時至1小時30分鐘（見54頁）。

CUISSON 烘烤

- 以自然對流模式將烤箱預熱至230℃。

- 用刀在表面劃出7道割紋，接著擺在烤箱中間的高度烘烤，加入蒸氣（見50頁），烤20至30分鐘。

- 出爐後脫模，讓麵包在網架上散熱並冷卻。

Snacking

輕食

Bagel au saumon,

beurre aux algues

貝果夾海藻奶油與鮭魚

難度 ♡

前1天 備料：10分鐘 • **發酵**：30分鐘 • **冷藏**：12小時
當天 備料：9至11分鐘 • **發酵**：1小時15分鐘至1小時30分鐘 • **烘烤**：13至16分鐘

10個貝果

發酵麵團100克

PÉTRISSAGE 揉麵

牛乳150克 • 水150克 • T45精白麵粉500克 • 鹽10克
• 新鮮酵母5克 • 奶油35克

FINITION 最後修飾

打散的蛋白 • 烤成金黃色的白芝麻

GARNITURE 配料

海藻風味奶油60克 • 煙燻鮭魚長薄片300克 • 檸檬1顆 • 蒔蘿幾枝

PÂTE FERMENTÉE 發酵麵團（前1天）

• 製作發酵麵團，冷藏至隔天（見33頁）。

PÉTRISSAGE 揉麵（當天）

• 在電動攪拌機的攪拌缸中放入牛乳、水、麵粉、鹽、酵母、奶油和切成小塊的發酵麵團。以慢速攪拌2至3分鐘，接著再以中速揉麵7至8分鐘。

POINTAGE 基本發酵

• 蓋上濕發酵布，在常溫下發酵15分鐘。

DIVISION ET FAÇONNAGE 分割與整形

• 將麵團分為10個每個約95克。以雙手搓揉成約長15公分的長條狀，接著蓋上濕發酵布，在常溫下鬆弛15分鐘。

• 將每條麵條搓揉拉伸至約25公分長，將兩端接合，形成直徑約10公分的環狀，接著擺在2個鋪有烤盤紙的烤盤上。

APPRÊT 最後發酵

• 蓋上濕發酵布，在常溫下膨脹45分鐘至1小時。

CUISSON 烘烤

• 以自然對流模式將烤箱預熱至200℃。

• 以小火將1大鍋水煮至微滾，接著用漏勺將貝果浸入微滾的水中約1分鐘，或是直到貝果浮出表面。瀝乾，再擺在烤盤上。

• 用糕點刷為貝果刷上打散的蛋白，撒上芝麻，接著入烤箱烤12至15分鐘。

• 出爐後，將貝果擺在網架上。

GARNISSAGE 夾餡

• 將貝果橫切成兩半，接著在內部塗上海藻風味奶油，將鮭魚片折起，擺在貝果上，擠上檸檬汁，放幾枝蒔蘿葉，再將貝果閉合。

Croque-monsieur au jambon,

beurre au sarrasin et sauce Mornay
蕎麥奶油與白醬的火腿起司三明治

難度 ♡

備料：10分鐘 • 烘烤：5分鐘

三明治1個

SAUCE MORNAY 莫內起司白醬

奶油10克 • 麵粉10克 • 牛乳60克 • 蛋黃25克（1顆）
• 康提乳酪絲（comté râpé）10克

....

膏狀的蕎麥奶油（beurre au sarrasin en pommade）20克
• 厚1公分的營養穀粒麵包（見80頁）3片
• 每片40克的白火腿片（jambon blanc）2片
• 西洋菜葉 • 康提乳酪絲30克

SAUCE MORNAY 莫內起司白醬

• 在平底深鍋中，將奶油加熱至融化，接著加入麵粉，以小火加熱幾分鐘，一邊攪拌。倒入冷牛乳，煮沸，持續以打蛋器攪拌。離火後，混入蛋黃和康提乳酪絲。

MONTAGE 組裝

• 將烤箱的烤架預熱。在3片麵包的單一面都抹上蕎麥奶油。在最底部的麵包上，再薄薄的鋪上1/3份量的莫內起司白醬，加上1片火腿和少許西洋菜葉。

• 疊上中間的麵包片，並薄薄鋪上1/3份量的莫內起司白醬，加上1片火腿。疊上第3片麵包，在奶油上鋪剩餘的莫內起司白醬，撒上康提乳酪絲。

• 將夾好的火腿起司三明治擺在烤箱的烤架下，直到烤成金黃色。

Petit cake

lardons et béchamel
貝夏美醬培根小點

難度 ♡

備料：10分鐘 • 發酵：1小時
• 烘烤：22分鐘

小蛋糕8個

SAUCE BÉCHAMEL 貝夏美醬

奶油25克 • 麵粉32克 • 牛乳250克
• 鹽、胡椒、肉豆蔻（noix de muscade）

....

培根（lardons）80克
• 切剩的可頌麵團（見206頁）320克

SAUCE BÉCHAMEL 貝夏美醬

• 在平底深鍋中，將奶油加熱至融化，接著加入麵粉，一邊攪拌持續加熱幾分鐘，倒入冷牛乳煮沸，以打蛋器攪拌避免結塊，用鹽、胡椒、肉豆蔻調味。

• 將培根放入平底深鍋，用冷水淹過。煮沸，接著瀝乾，將水分吸乾，冷藏。

PRÉPARATION ET CUISSON 製作與烘烤

• 將切剩的可頌麵團切成邊長3.5公釐至1公分的正方形。在8個8×4公分的長方模中填入40克的正方形麵皮。

• 在28℃的發酵箱中發酵約1小時（見54頁）。

• 在每個模具中填入35克（約2大匙）的貝夏美醬，接著鋪上培根。

• 將烤箱以旋風模式預熱至165℃。放入烤箱中間高度的位置，烤22分鐘。出爐後趁熱品嘗。

Pizza napolitaine 拿坡里披薩

難度 ♡

前1天 備料：10分鐘 • 發酵：30分鐘 • 冷藏：12小時
當天 備料：35分鐘 • 發酵：1小時45分鐘至2小時 • 烘烤：40至50分鐘

披薩1個

發酵麵團75克

PÉTRISSAGE 揉麵

水150克 • T55麵粉250克 • 鹽5克 • 新鮮酵母5克
• 普羅旺斯香草（herbes de Provence）4克 • 後加橄欖油（huile d'olive de bassinage）20克

GARNITURE 配料

切成薄片的櫛瓜200克 • 橄欖油 • 鹽6克 • 胡椒0.5克 • 羅勒
• 切片番茄250克 • 大蒜粉2克 • 莫札瑞拉乳酪絲（mozzarella râpée）300克 • 帕馬森乳酪絲40克

SAUCE PIZZA 披薩醬

橄欖油20克 • 切碎的洋蔥60克 • 去芽切碎的大蒜1瓣 • 鹽、胡椒 • 去皮、去籽且磨碎的番茄200克
• 番茄糊（concentré de tomates）1小罐 • 月桂葉、百里香、奧勒岡（origan）• 糖2克

....

最後修飾用橄欖油

PÂTE FERMENTÉE 發酵麵團（前1天）

• 製作發酵麵團，冷藏至隔天（見33頁）。

GARNITURE 配料（前1天或當天）

• 使用前，在容器中用橄欖油、鹽、胡椒和羅勒醃漬櫛瓜幾個小時，或是最好在前1天進行。

SAUCE PIZZA 披薩醬（當天）

• 在平底煎鍋中，用中火加熱橄欖油，接著炒洋蔥和大蒜3分鐘，炒至出汁。調味，加入磨碎的番茄、番茄糊和月桂葉、百里香、奧勒岡。以小火慢燉20至30分鐘，盡可能將醬汁收乾，讓味道濃稠，接著放涼。

PÉTRISSAGE 揉麵

• 在電動攪拌機的攪拌缸中放入水、麵粉、鹽、酵母、切成小塊的發酵麵團和普羅旺斯香草。以慢速攪拌4分鐘，接著高速揉麵4分鐘。一邊持續攪打麵團一邊以細線狀倒入後加橄欖油，攪拌至麵團不再沾黏攪拌缸內壁且變得平滑，揉至麵團終溫為24至25℃。

POINTAGE 基本發酵

• 蓋上濕發酵布，在常溫下發酵45分鐘至1小時。

FAÇONNAGE ET APPRÊT 整形與最後發酵

• 在撒上少許麵粉的烤盤紙上，用擀麵棍將麵團擀成30×28公分的長方形。

• 在25℃的發酵箱中發酵1小時（見54頁）。

CUISSON 烘烤

• 將30×38公分的烤盤擺在烤箱底部位置，以自然對流模式將烤箱預熱至280℃。

• 在容器中為番茄片撒上鹽和胡椒，接著撒上大蒜粉。

• 為麵皮鋪上披薩醬，接著撒上莫札瑞拉乳酪絲和帕馬森乳酪絲。以勻稱方式擺上預先捲起的醃漬櫛瓜和番茄片。

• 將熱烤盤取出，擺在網架上，接著將披薩連同烤盤紙移至烤盤上，烘烤14分鐘。將披薩稍微提起，確認麵皮下方已烤成金黃色。

• 出爐後，刷上橄欖油。

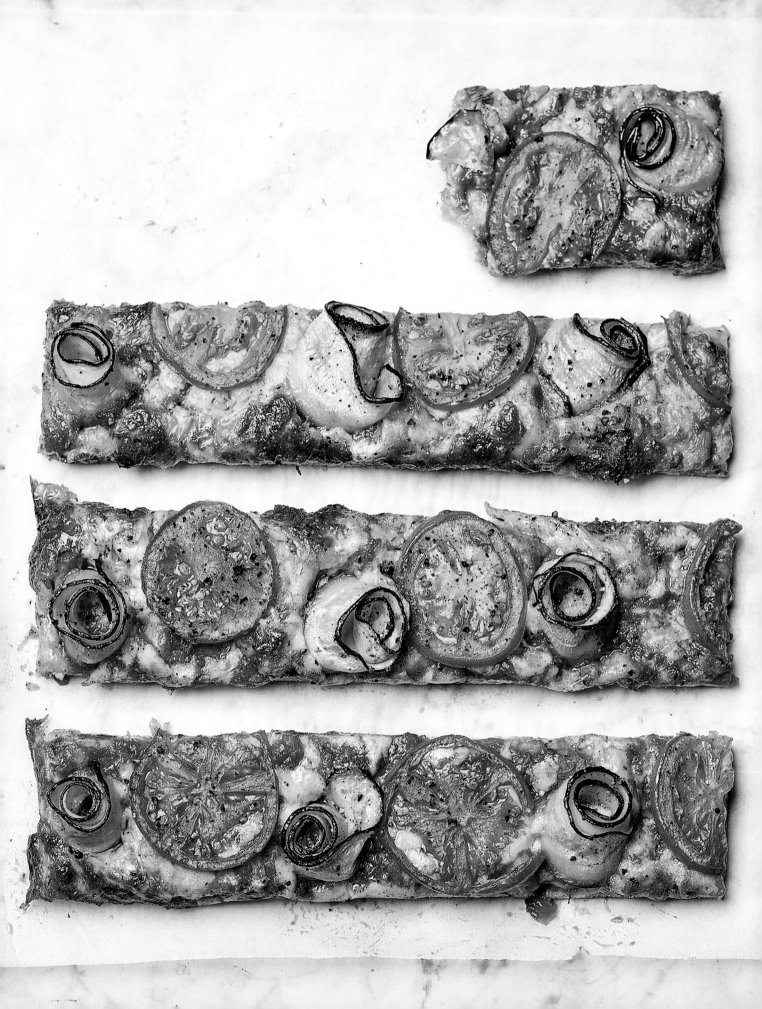

Pâté aux pommes de terre

馬鈴薯餡餅

難度 ♡

前1天 備料：5分鐘・冷藏：24小時
當天 備料：15至20分鐘・烘烤：40至50分鐘

餡餅1個

千層派皮600克

GARNITURE 餡料
馬鈴薯3顆・切碎洋蔥1/2顆
・去芽、切碎的大蒜1瓣・切碎的平葉巴西利・鹽、胡椒

DORURE 蛋液
蛋1顆＋蛋黃1顆，一起打散

鮮奶油（crème fraîche）2大匙

PÂTE FEUILLETÉE 千層派皮（前1天）
・製作4折的千層派皮（見212頁）。

LE JOUR MÊME 當天
・用千層派皮的麵團製作第5個單折，接著切半。用擀麵棍將底部的麵團擀至2公釐厚，接著切成直徑20公分的圓餅狀。

・將另一半麵團擀至2.5公釐厚，切成直徑18公分的圓餅狀作為餡餅頂部用。

GARNITURE ET MONTAGE 餡料與組裝
・將馬鈴薯切成薄片，接著混合洋蔥、大蒜、平葉巴西利碎、鹽和胡椒。

・將底部的麵皮擺在鋪有烤盤紙的烤盤上，接著用水濕潤圓餅狀麵皮周圍2公分處。將馬鈴薯等混料均勻鋪在表面，邊緣留白。疊上頂端的麵皮密合周圍。

・表面刷上蛋液，用直徑9公分的壓模在中央壓出印記。

CUISSON 烘烤
・以自然對流模式將烤箱預熱至200℃。放入烤箱，將溫度調低為180℃，烤40至50分鐘。用刀刺入確認馬鈴薯的熟度。

・出爐後，將中央頂端的印記切下。在馬鈴薯的整個表面淋上鮮奶油，再將頂端的派皮蓋回去。

Pain perdu lorrain

洛林法式吐司

難度 ⬭

備料：10分鐘・烘烤：20分鐘

法式吐司5個

培根30克・厚1公分的吐司5片（見112頁小丑吐司的備註）
放了1天的傳統法式長棍1/2根・艾曼塔乳酪絲（emmental râpé）25克

APPAREIL À QUICHE 鹹派混合液
蛋190克（蛋4小顆）・牛乳150克・液態鮮奶油（crème liquide）150克
・鹽、胡椒、肉豆蔻（noix de muscade）

PAIN PERDU 法式吐司

- 將培根放入平底深鍋，用冷水淹過。煮沸，接著瀝乾，並將水分吸乾。

- 用壓模將吐司片裁成直徑9公分的圓片，鋪在5個直徑10公分的鹹派模底部。

- 將傳統法式長棍切成厚1公分的片狀，接著再將每片切半。將6片半月形長棍貼在每個模具的內緣，撒上艾曼塔乳酪絲和培根。

APPAREIL À QUICHE 鹹派混合液

- 在碗中用打蛋器打蛋，接著混入牛乳和液態鮮奶油，調味。將鹹派混合液分配倒入模具中。

CUISSON 烘烤

- 將烤箱以旋風模式預熱至180℃。放入烤箱中間高度的位置，烤20分鐘。

- 出爐後，爲法式吐司脫模。

Tartine végétarienne,
chou rouge, carotte, chou-fleur et raisins de Corinthe
紫高麗菜、胡蘿蔔、白花椰和科林斯葡萄乾蔬食開面三明治

難度 ☖

備料：30分鐘

4個開面三明治

PICKLES DE CAROTTES 醃胡蘿蔔
有機蘋果醋50克 • 糖50克 • 水50克 • 斜切片的黃色胡蘿蔔350克
• 斜切片的沙地種植胡蘿蔔（carottes des sables）200克

CHIFFONNADE DE CHOU ROUGE 紫高麗菜絲
白醋30克 • 切成細絲的紫高麗菜100克 • 鹽

CRÈME AUX HERBES 香草奶油醬
細香蔥1束 • 鮮攪乳酪（fromage frais battu）350克 • 青檸檬汁和檸檬皮2顆 • 綠色塔巴斯科辣醬（Tabasco® vert）
....
從長邊切成片的素豆麵包（見104頁）4片
• 切成小朵的白花椰200克 • 橄欖油50克 • 科林斯葡萄乾100克 • 鹽、胡椒

PICKLES DE CAROTTES 醃胡蘿蔔
• 在平底深鍋中將醋、糖和水煮沸，接著加入胡蘿蔔片。放涼。

CHIFFONNADE DE CHOU ROUGE 紫高麗菜絲
• 加熱醋，接著淋在紫高麗菜上，加入1撮鹽，拌勻後再瀝乾。放涼。

CRÈME AUX HERBES 香草奶油醬
• 切幾段細香蔥作爲裝飾，預留備用。將剩餘的切碎。在碗中混合鮮攪乳酪、切碎的細香蔥、青檸檬汁和檸檬皮，以及綠色塔巴斯科辣醬調味。將奶油醬填入裝有12號星形花嘴的擠花袋中。

MONTAGE 組裝
• 烤麵包片，接著放涼。

• 用擠花袋在麵包片上擠出香草奶油醬。將醃胡蘿蔔片瀝乾，放入碗中。加入紫高麗菜絲和小朵的花椰菜，淋上少許橄欖油，將上述配料勻稱的放在烤麵包片上，接著漂亮地擺上科林斯葡萄乾，撒上幾枝切成段的細香蔥。

Sandwich au magret de canard,

crème de chèvre, poire et miel

山羊鮮乳酪、洋梨蜂蜜鴨胸三明治

難度 🔲

備料：10分鐘

三明治1個

POIRE AU MIEL 蜜煎洋梨

洋梨1顆 • 檸檬汁1/2顆 • 金合歡花蜜（miel d'acacia）10克

....

營養穀粒長棍（baguette nutritionnelle aux graines）1小根 • 山羊鮮乳酪（crème de chèvre）60克
• 鴨胸肉片（tranches de magret de canard）30克

POIRE AU MIEL 蜜煎洋梨

• 將洋梨切半，挖去果核，切成薄片。另外半顆洋梨片淋上檸檬汁，預留備用。

• 在平底煎鍋中加熱蜂蜜至上色，接著加入半顆的洋梨片，裹上蜂蜜。倒在碗中放涼。

MONTAGE 組裝

• 將長棍從長邊切半。在長棍的二面抹上山羊鮮乳酪。將鴨胸肉片折起並交疊在麵包上，讓部分肥肉露出。

• 在每片鴨胸肉之間放上1片蜜煎洋梨和1片切片的檸檬洋梨。蓋上上層長棍。

NOTE 注意：為了製作營養穀粒長棍，請以製作營養穀粒麵包的手法揉麵（見80頁）。分成5個200克的麵團，初步成形為球狀。鬆弛20分鐘後，整形成長棍狀，並進行最後發酵。接著擺在2個30×38公分的烤盤上，以240℃烤15至18分鐘。

Tartine végétarienne,
avocat, raifort, céleri et pomme verte
酪梨、辣根、芹菜與青蘋的蔬食開面三明治

難度 ☁

備料：30分鐘

20片開面三明治

辣根醬（crème de raifort）100克 • 鮮攪乳酪（fromage frais battu）300克
• 素豆麵包（見104頁）4片 • 檸檬2顆 • 切成薄片的酪梨2顆
• 切成薄片的青蘋果（Granny Smith）2顆 • 切片的芹菜芯4根
• 稍微烘烤過的佩里戈爾（Périgord）核桃200克 • 鹽、胡椒

PRÉPARATION 備料

• 在碗中用打蛋器混合辣根醬和鮮攪乳酪，抹在麵包片上，其餘的填入裝有10號星形花嘴的擠花袋，在麵包片上擠出星形小點。

• 在酪梨片上淋檸檬汁。將蘋果切成圓片，接著也淋上檸檬汁。

• 在每片麵包片上擺切半的酪梨片和蘋果圓片，加上1根切片的芹菜和一些烘烤過的核桃，用鹽和胡椒調味。再將每片麵包切成5小片。

ASTUCE
訣竅

選擇非常清脆、容易折斷的芹菜芯，
這表示芹菜很新鮮。將芹菜平放，
用削皮刀去除硬纖維。
將中央黃色的嫩葉切下，
也可保留作為開面三明治的裝飾。

Brioche cocktail

布里歐百匯

難度 ♡

前1天 備料：12至15分鐘・發酵：30分鐘・冷藏：12小時
當天 備料：15分鐘・發酵：1小時・烘烤：25分鐘

每種12個布里歐百匯

布里歐麵團600克

BRIOCHES AU FROMAGE 乳酪布里歐
康提（Comté）乳酪絲・孜然籽

BRIOCHES AUX OLIVES 橄欖布里歐
切成小塊的去核黑橄欖50克

BRIOCHES À L'OIGNON ET AUX NOIX DE PÉCAN 洋蔥胡桃布里歐
切碎紅洋蔥40克（1/2顆），炒至焦糖化・胡桃10克

DORURE 蛋液
蛋1顆＋蛋黃1顆，一起打散

PÂTE À BRIOCHE 布里歐麵團（前1天）

• 製作布里歐麵團（見204頁）。

PRÉPARATION 製作（當天）

• 將布里歐麵團分為3個，每個約200克，接著用掌心將每個麵團稍微壓平。

• 將3/4的康提乳酪和孜然籽撒在1塊麵團上（保留剩餘的康提乳酪和一些孜然籽，用來撒在即將放入烤箱烤成金黃色的麵團上）。

• 將橄欖塊放在另一塊麵團上；再將洋蔥和胡桃擺在最後一塊麵團上。

• 將每塊麵團揉成長條狀，每種切成12塊每塊約20克。（可保留塊狀或揉成圓球狀。）擺在2個30×38公分且鋪有烤盤紙的烤盤上。可將洋蔥切細絲裝飾，再刷上蛋液，在常溫下（25℃）靜置膨脹1小時。

CUISSON 烘烤

• 將烤箱以旋風模式預熱至145℃。入烤箱烤25分鐘。

• 出爐後，將布里歐置於網架上放涼。

Muffins à la drêche

麥渣瑪芬

難度 ♧

備料：10分鐘・烘烤：20分鐘

9個瑪芬

T55麵粉85克・麥渣粉（farine de drêche，Maltivor®品牌）30克・糖140克
・小蘇打粉3克・鹽2克・膏狀奶油40克・蛋100克（2顆）
・液態鮮奶油60克・模具用室溫回軟的奶油

PRÉPARATION 製作

- 將烤箱以旋風模式預熱至165℃。

- 在碗中混合2種麵粉、糖、小蘇打粉和鹽。混入奶油，接著是蛋和鮮奶油。用打蛋器攪拌至形成柔軟的麵糊。

- 為瑪芬模刷上奶油，接著在每個模具凹槽內填入約50克的麵糊。

- 放入烤箱中間高度的位置，烤20分鐘。

變化版

Muffins à l'orange
柳橙瑪芬

柳橙2顆・糖35克・奶油25克
・香草莢剖開刮出籽1根・鹽之花3撮
・君度橙酒（Cointreau®）1瓶蓋・瑪芬麵糊（見上述）・糖粉

- 為柳橙削皮，接著取出果瓣。保留9片小果瓣，並將剩餘的切成2至3塊。擺在吸水紙上。

- 在小型平底深鍋中製作焦糖，將糖乾煮至形成琥珀色。離火，加入小塊奶油、香草籽和鹽之花。將刨下的柳橙皮和柳橙塊放入焦糖中，不要攪拌。在填入瑪芬模之前再加酒。

- 將麵糊分裝至刷上奶油的瑪芬模中。在每個模具凹槽中放入1至2塊的焦糖柳橙。入烤箱烤20分鐘。

- 出爐後，在網架上放涼，接著用糖粉和預留的柳橙果瓣裝飾。

Viennoiseries

維也納麵包

Pâte à brioche

布里歐麵團

難度 ♧

前1天 備料：12至15分鐘 • 發酵：30分鐘 • 冷藏：12小時

700克的布里歐麵團

蛋90克（2小顆）• 蛋黃45克（2顆）• 牛乳85克 • T45麵粉 300克
• 鹽6克 • 糖45克 • 新鮮酵母9克 • 冷奶油120克
• 香草精1/2小匙（2克）

PÉTRISSAGE 揉麵（前1天）

• 在電動攪拌機的攪拌缸中放入蛋、蛋黃、牛乳、麵粉、鹽、糖和酵母 **(1)**。以慢速攪拌至麵團均勻且不再沾黏攪拌缸內壁 **(2)**。

• 以慢速加入切成小塊的奶油 **(3)**，揉麵至麵團再度脫離攪拌缸內壁。建議以慢速進行，可保留奶油的香氣與品質。加入香草精並完成揉麵，形成完全光滑的麵團。

• 將麵團從攪拌缸中取出，揉成球狀 **(4)**。

POINTAGE 基本發酵

• 麵團放入容器中，蓋上保鮮膜，接著在常溫下靜置30分鐘。

• 再將麵團擺在工作檯上。進行翻麵 **(5)**，包上保鮮膜，冷藏至隔天 **(6)**。

ASTUCE
訣竅

布里歐麵團含有大量的蛋和奶油，
因而形成柔軟細緻的質地。
冷藏至少12小時，讓奶油穩定，
並培養味道和香氣等。在各種鹹甜版本中，
布里歐麵團可製成多種形狀：折疊、扭曲、
辮子、或以模具塑形…

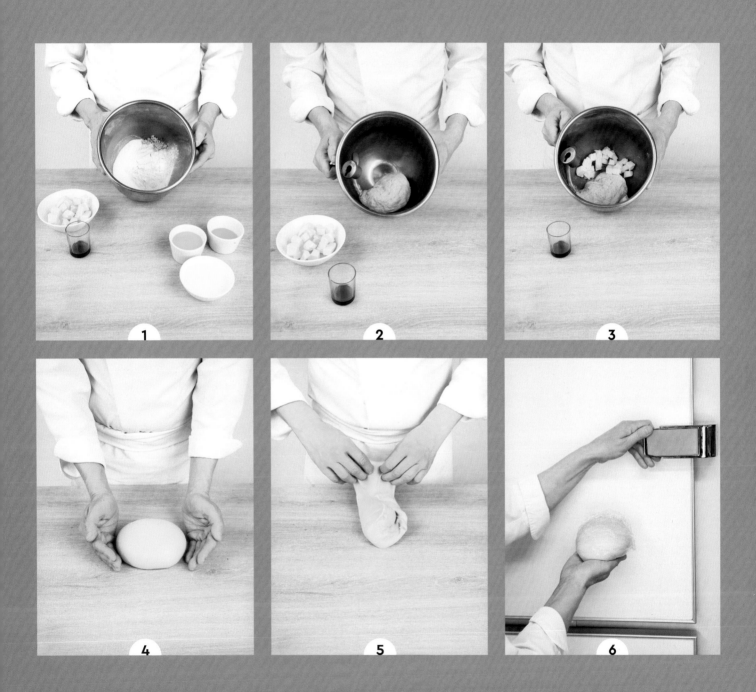

Pâte à croissant

可頌麵團

難度 ♤

前1天 **備料**：5分鐘 • **發酵**：12小時
當天 **冷凍**：可變動，視折疊狀況而定

580克的可頌麵團

DÉTREMPE 基本揉和麵團

水80克 • 牛乳50克 • T45麵粉125克 • T55麵粉125克 • 鹽5克
• 新鮮酵母18克 • 糖30克 • 低水分奶油25克

TOURAGE 折疊

冰涼的低水分奶油（beurre sec）125克

DÉTREMPE 基本揉和麵團（前1天）

• 在電動攪拌機的攪拌缸中放入水、牛乳、麵粉、鹽、酵母、糖和奶油。以慢速攪拌4分鐘，直到麵團均勻。增加速度，讓麵團有足夠的彈性。滾圓並包上保鮮膜，接著冷藏至少12小時。

TOURAGE 折疊（當天）

• 在烤盤紙上將奶油擀成正方形 **(1)(2)**。

• 在工作檯上撒麵粉，接著將基本揉和麵團擀成略大於奶油的長方形 **(3)**。將奶油擺在麵皮中央。將麵皮的二側切下 **(4)**，將2塊基本揉和麵團擺在奶油上，蓋住奶油。

• 用擀麵棍在斜角擀出十字，讓奶油留在原位，並沿著長邊擀壓整個表面 **(5)**。

NOTE 注意：很重要的是基本揉和麵團和奶油的質地必須一致、都保持冰涼，而且要快速進行，以免奶油變軟。

可頌麵團通常使用3種折疊法：
- 3個單折
- 1個雙折＋1個單折
- 2個雙折

3 TOURS SIMPLES 3個單折

• 將麵團擀成45×25公分且厚度約3.5公釐的長方形，將麵皮折起1/3**(6)**，接著將另外1/3折起（第1個單折）。

• 將麵團轉90度 **(7)**，接著製作第2個單折 **(8)(9)**。

• 冷凍保存約30分鐘，接著再製作1個單折。

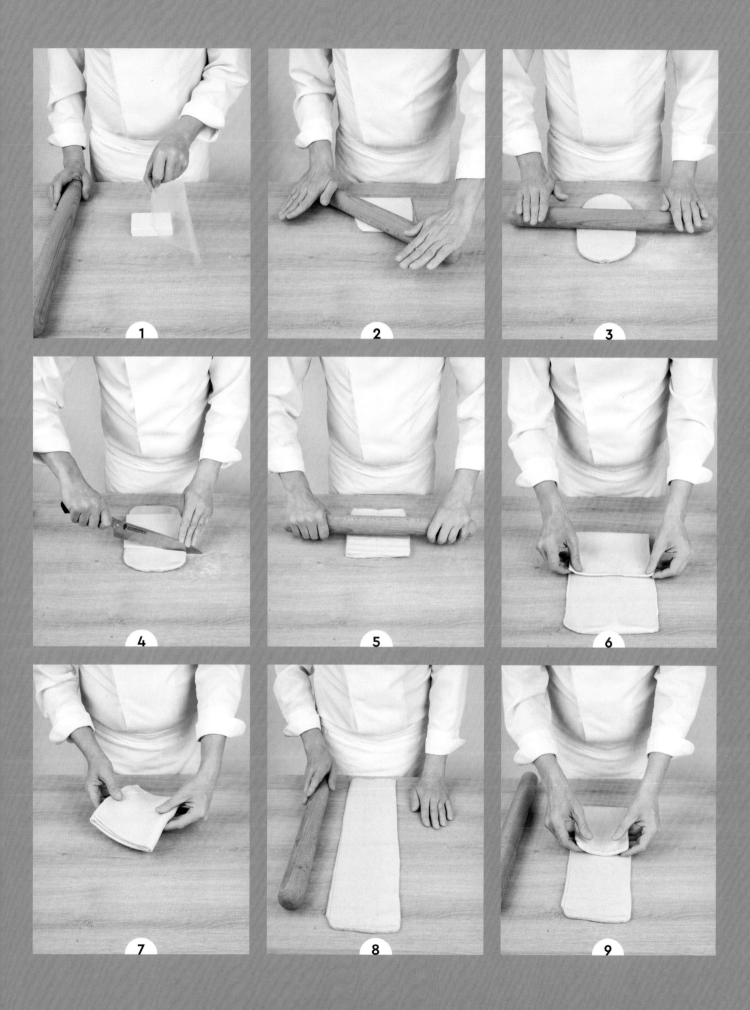

3個單折的可頌

1個雙折＋1個單折的可頌

2個雙折的可頌

1 TOUR DOUBLE + 1 TOUR SIMPLE
1個雙折＋1個單折

- 將麵團擀至50×16公分且厚度約3.5公釐的長方形 **(10)**，將麵皮折起1/4，接著將剩餘的3/4折起，讓折口處接合 **(11)**，整個對折（第1個雙折）**(12)**。

- 將麵團轉90度 **(13)**，接著製作1個單折 **(14)(15)**。

2 TOURS DOUBLES
2個雙折

- 將麵團擀至50×16公分且厚度約3.5公釐的長方形 **(16)**，將麵皮折起1/4，接著將剩餘的3/4折起 **(17)**，讓折口處接合，接著整個對折（第1個雙折）**(18)**。

- 將麵團轉90度，接著再製作1個雙折。

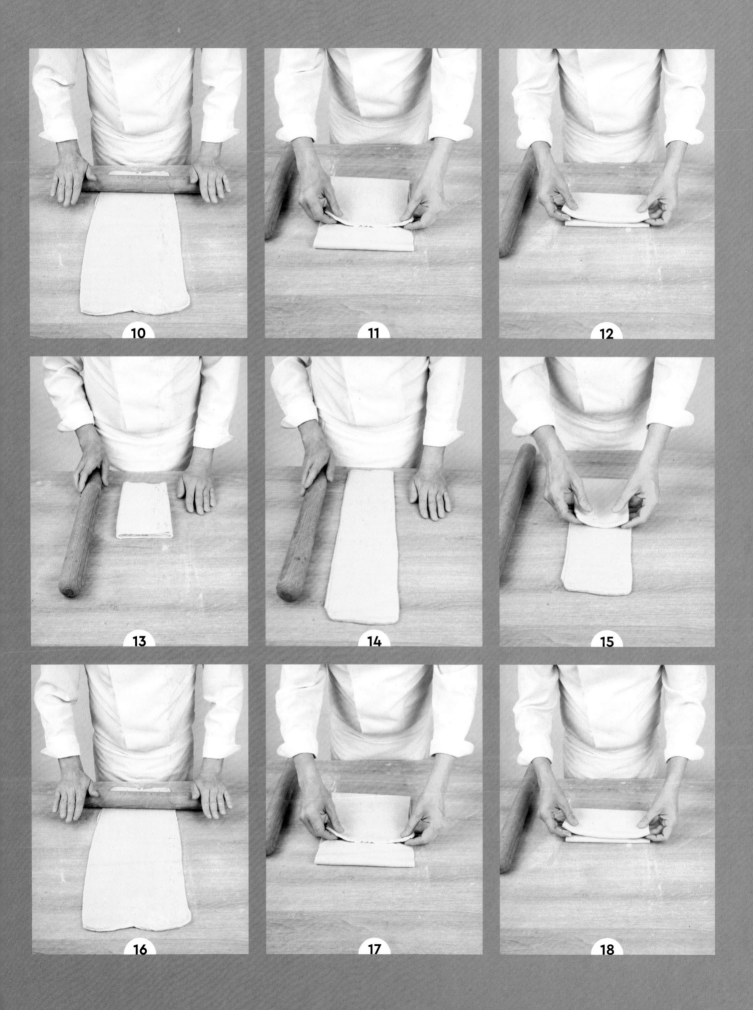

Pâte feuilletée

千層派皮

難度 ♤

前1天 備料：5分鐘 • 冷藏：可變動，視折疊狀況而定

560克的4折千層派皮

DÉTREMPE 基本揉和麵團
T55麵粉250克 • 鹽5克 • 冷水100克 • 融化奶油25克

TOURAGE 折疊
冰涼的低水分奶油（beurre sec）180克

DÉTREMPE 基本揉和麵團（前1天）

• 在裝有揉麵鉤的電動攪拌機的攪拌缸中倒入麵粉、鹽、水和奶油 **(1)(2)**。以慢速攪拌至形成均勻麵團，但不要過度攪拌 **(3)**。

• 揉成球狀，在中央劃出十字切口 **(4)**，包上保鮮膜，冷藏至少2小時。

TOURAGE 折疊

• 在烤盤紙上將低水分奶油擀成邊長約16公分的正方形。

• 在撒有少許麵粉的工作檯上，用擀麵棍將基本揉和麵團擀成直徑24公分的圓餅狀。在中央擺上奶油，讓角落碰觸基本揉和麵團的外緣。拉起基本揉和麵團的邊緣，朝中央折起，像折信封般將奶油包起。

所謂的4折千層派皮通常使用2種折疊法：

- 4個單折
- 2個雙折＋1個單折

4 TOURS SIMPLES 4個單折（前1天）

• 將麵團擀成約40×16公分的長方形 **(5)**，將麵皮折起1/3，接著將另外1/3折起（第1個單折）**(6)**，蓋上保鮮膜，冷凍靜置20分鐘。

• 取出麵團，轉90度，接著再製作1個雙折。

• 重複同樣的程序，直到麵團形成4個單折，接著加蓋冷藏至隔天。

2 TOURS DOUBLES + 1 TOUR SIMPLE
2個雙折＋1個單折（前1天）

• 將麵團擀成約50×16公分的長方形，將麵皮折起1/8，接著將剩餘部分折起，讓折口處接合，整個對折（第1個雙折），蓋上保鮮膜，冷凍20分鐘。

• 取出麵團，轉90度，接著再製作1個雙折。

• 冷凍保存20分鐘，接著取出麵團，轉90度，再製作1個單折。

• 蓋上保鮮膜，冷藏至少24小時。

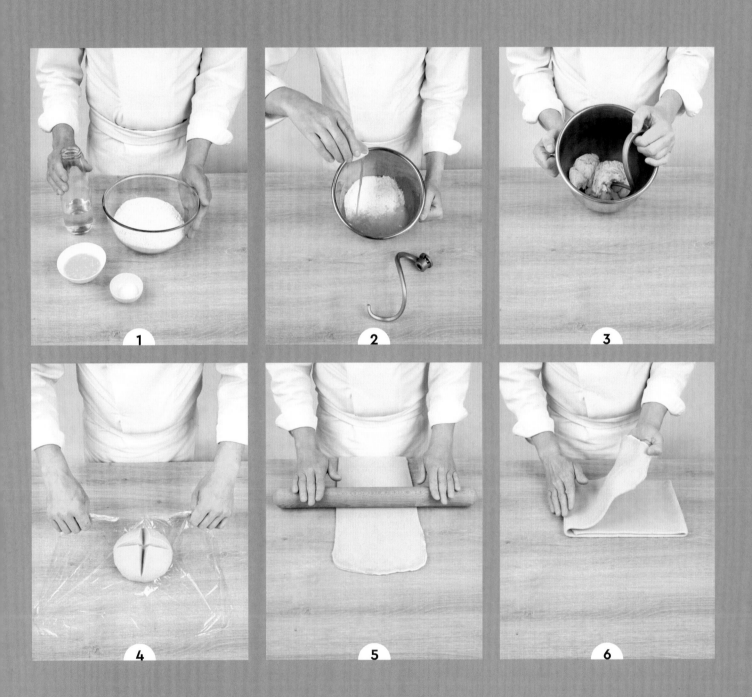

Brioches Nanterre

南特布里歐

難度 ♡

前1天 備料：5分鐘・發酵：12小時
當天 備料：18分鐘・發酵：2小時20分鐘至2小時25分鐘・冷藏：1小時・烘烤：25分鐘

3個布里歐

LEVAIN-LEVURE 酵母種
新鮮酵母1克・牛乳93克・T45麵粉100克

PÉTRISSAGE 揉麵
蛋67克（1大顆）・蛋黃58克（3顆）・新鮮酵母20克
・T45麵粉233克・糖38克・紅糖（vergeoise）12克・鹽7克・冷奶油196克
....
模具用室溫回軟的奶油

DORURE 蛋液
打散的蛋1顆

LEVAIN-LEVURE 酵母種（前1天）
• 在碗中，將酵母弄碎在牛乳中，攪散至均勻。加入麵粉並拌勻，蓋上保鮮膜，在常溫下靜置發酵12小時。

PÉTRISSAGE 揉麵（當天）
• 在電動攪拌機的攪拌缸中放入酵母種、蛋、蛋黃、酵母、麵粉、糖和鹽。以慢速攪拌5分鐘，接著再以高速揉麵8分鐘，直到麵團脫離攪拌缸內壁。加入切成小塊的奶油，接著以慢速揉麵約5分鐘，直到麵團再度脫離攪拌缸內壁且奶油已充分混入。

• 將麵團從攪拌缸中取出，進行兩次翻麵，放入加蓋容器中。

POINTAGE 基本發酵
• 在常溫下膨脹40分鐘，接著冷藏1小時。

DIVISION ET FAÇONNAGE 分割與整形
• 為3個18×8×7公分的模具刷上大量奶油。

• 在工作檯進行麵團的翻麵，接著分為18個每個約45克的麵團。將每塊麵團初步成形為球狀，接著蓋上乾發酵布，靜置10至15分鐘。再將每塊麵團揉成緊密的球狀，接著在每個模具中錯開位置擺入6顆麵球，密合處朝下。

APPRÊT 最後發酵
• 將模具擺在30×38公分的烤盤上，在28℃的發酵箱中發酵1小時30分鐘（見54頁）。

CUISSON 烘烤
• 將烤箱以旋風模式預熱至150℃。

• 輕輕刷上蛋液，勿讓蛋液落在模具內壁以免燒焦，接著放入烤箱中間高度的位置，烤25分鐘。

• 脫模，在網架上放涼。

Brioche parisienne

巴黎人布里歐

難度 ○

———————————————

備料：15分鐘・發酵：3小時50分鐘・冷藏：1小時・烘烤：10至12分鐘

8個布里歐

T55 麵粉185克・新鮮酵母8克・鹽3克・糖18克
・蛋100克（2顆）・冷奶油90克
....
模具用室溫回軟的奶油

DORURE 蛋液
打散的蛋1顆

PÂTE À BRIOCHE 布里歐麵團

• 在電動攪拌機的攪拌缸中放入麵粉、酵母、鹽、糖和蛋。以慢速攪拌5分鐘，攪拌至麵團變軟且脫離攪拌缸內壁。加入奶油，以高速揉麵10分鐘，揉至麵團變得柔韌平滑並再度脫離攪拌缸內壁。

• 擺在工作檯上，撒上少許麵粉，揉成球狀，接著蓋上微濕的發酵布。

POINTAGE 基本發酵

• 在常溫下膨脹1小時30分鐘。膨脹結束時，麵團的體積應變為2倍。

• 進行翻麵，在加蓋容器中冷藏1小時。

DIVISION ET FAÇONNAGE 分割與整形

• 在工作檯上撒麵粉，接著將麵團分為8個每個約35克的麵團作為底部，以及8個每個約15克的麵團作為頭部。

• 揉成很圓的球狀，在工作檯上，蓋上乾發酵布，在常溫下鬆弛20分鐘。

• 為8個直徑7至8公分的花形布里歐模刷上奶油。

• 取出頭部的小球，塑成梨形。用手指在底部小球的中央戳入直徑2公分的小洞。用剪刀在每個頭的尖端部分剪出1公分的裂口。將尖端插入底部小球的洞中，並將每個剪開的部分塞至底部。

APPRÊT 最後發酵

• 將布里歐放入模具中，接著擺在30×38公分的烤盤上，在28℃的發酵箱中發酵2小時（見54頁），布里歐的體積應膨脹為2倍。

CUISSON 烘烤

• 將烤箱以旋風模式預熱至180℃。

• 刷上蛋液，接著放入烤箱中間高度的位置，將溫度調低至160℃，烤10至12分鐘。

• 從烤箱中取出，脫模後在網架上放涼。

Brioche feuilletée bicolore

雙色千層布里歐

難度 ♧ ♧

前1天 備料：12至15分鐘•發酵：30分鐘•冷藏：12小時
當天 備料：40分鐘•發酵：2小時至2小時30分鐘•冷凍：20至30分鐘•烘烤：42分鐘

2個布里歐

PÂTE À BRIOCHE NATURE 原味布里歐麵團
蛋80克（1又1/2顆）•蛋黃40克（2顆）•牛乳50克•T45麵粉125克
•T55麵粉125克•鹽5克•糖20克•新鮮酵母10克•奶油75克
....
模具用室溫回軟的奶油

PÂTE À BRIOCHE AU CHOCOLAT 巧克力布里歐麵團
奶油22克•糖粉9克•可可粉9克

TOURAGE 折疊
冰涼的低水分奶油（beurre sec）130克

CRÈME CROQUANTE PRALINÉE 帕林內酥脆奶油醬
黑巧克力15克•帕林內（praliné）65克•脆片（pailleté feuilletine）40克

SIROP 糖漿
水100克＋糖130克，煮沸

ASTUCE
訣竅

為了將帕林內酥脆奶油醬鋪成筆直的長方形，
請使用尺或刀輔助。
使用前請將奶油醬冷藏或冷凍保存，
因為這種奶油醬回溫得很快。

Brioche feuilletée bicolore

PÂTE À BRIOCHE NATURE 原味布里歐麵團（前1天）

- 製作不加香草精的布里歐麵團（見204頁）。

PÂTE À BRIOCHE AU CHOCOLAT
巧克力布里歐麵團（前1天）

- 取100克原味布里歐麵團，放入攪拌缸中。用攪拌槳以慢速混入奶油、糖粉和可可粉 **(1)**。放入加蓋容器中，冷藏至隔天。

TOURAGE 折疊（當天）

- 在烤盤紙上將奶油擀成長方形。

- 將原味布里歐麵團擀成略大於奶油且厚約1公分的長方形。

- 將奶油擺在麵皮中央。將二側的麵皮切下，將2塊布里歐麵皮擺在奶油上，蓋住奶油 **(2)**。擀至約3.5公釐的厚度。進行一次雙折 **(3)**（見208頁），將麵團轉90度，接著進行一次單折（見208頁）。用水稍微濕潤表面。

- 將巧克力布里歐麵團擀至和原味麵團同樣大小，擺在原味布里歐麵團上 **(4)**。擺在鋪有保鮮膜的烤盤上，冷凍保存20至30分鐘。

- 取出雙色布里歐麵團，接著擀成38×28公分且厚度約4公釐的長方形 **(5)**。用切割器或刀和尺，在巧克力麵皮上劃出規則的斜線 **(6)**。在製作帕林內酥脆奶油醬期間再度冷凍。

CRÈME CROQUANTE PRALINÉE 帕林內酥脆奶油醬

- 將巧克力隔水加熱至融化。倒入裝有帕林內的碗中，拌勻 **(7)**。混入脆片，輕輕混合。

- 夾在2張烤盤紙之間擀薄，形成長方形 **(8)**，冷藏硬化。

ASSEMBLAGE 組裝

- 取出雙色布里歐麵團，輕輕擺在工作檯上，巧克力面朝下。將帕林內酥脆奶油醬的第1張烤盤紙取下，將奶油醬倒置在麵團上，取下第2張烤盤紙，接著捲成緊密的圓柱狀。將麵卷切半，分別放入2個19×9×7公分且刷上奶油的長方形蛋糕模中 **(9)**。

- 在25℃的發酵箱中發酵2小時至2小時30分鐘（見54頁）。

CUISSON 烘烤

- 將烤箱以旋風模式預熱至200℃。

- 放入烤箱中間高度的位置，接著將溫度調低至140℃，烤40分鐘。

- 出爐後，刷上糖漿，再烤2分鐘。

- 脫模，在網架上放涼。

220

VIENNOISERIES

Brioche vendéenne

旺代布里歐

難度 ☁

前1天 備料：23分鐘・發酵：25分鐘・冷藏：12小時
當天 備料：30分鐘・發酵：50分鐘至1小時15分鐘・烘烤：25至30分鐘

2個布里歐

蛋211克（4顆）・新鮮酵母13克・T45麵粉324克・糖39克
・鹽7克・冷奶油130克

DORURE 蛋液
打散的蛋1顆

FINITION 最後修飾
珍珠糖（Sucre casson，可省略）

PÂTE À BRIOCHE 布里歐麵團（前1天）

- 在電動攪拌機的攪拌缸中放入蛋、酵母、麵粉、糖和鹽。以慢速攪拌5分鐘，接著再以高速揉麵8分鐘，直到麵團脫離攪拌缸內壁。

- 加入切成小塊的奶油，以慢速揉麵10分鐘，揉至麵團再度脫離攪拌缸內壁。進行翻麵，放入加蓋容器中。

POINTAGE 基本發酵

- 在常溫下膨脹25分鐘。進行第2次翻麵，冷藏至隔天。

DIVISION ET FAÇONNAGE 分割與整形（當天）

- 在撒上少許麵粉的工作檯上，用手將布里歐壓平以排氣。將麵團分為6個每個約120克。初步成形為長橢圓形（見42至43頁），蓋上乾發酵布，靜置10至15分鐘。

- 將麵團一一取出，接著輕拍以排氣。壓扁，接著緊密地整形為長橢圓形，再將麵團用手掌從中央朝兩端搓揉滾長，直到形成長約30公分的條狀。其他麵團也以同樣步驟進行。

- 將3條麵條編在一起，並按壓前端黏合。取左邊的麵條，疊過中央的麵條，接著取右邊的麵條，疊過中央的麵條，以此類推 (1)(2)。繼續將長條狀布里歐麵團完全編好，接著按壓密合末端，將密合處折至下方 (3)。

APPRÊT 最後發酵

- 將2個布里歐擺在30×38公分且鋪有烤盤紙的烤盤上，並刷上蛋液。在28℃的發酵箱中發酵40分鐘至1小時（見54頁）。

CUISSON 烘烤

- 將烤箱以旋風模式預熱至170℃。

- 再次為辮子布里歐表面輕輕刷上一次蛋液，進行一次最後修飾，可在表面撒上珍珠糖（可省略）。

- 放入烤箱中間高度的位置，接著將溫度調低至150℃，烤25至30分鐘。

- 出爐後，在網架上放涼。

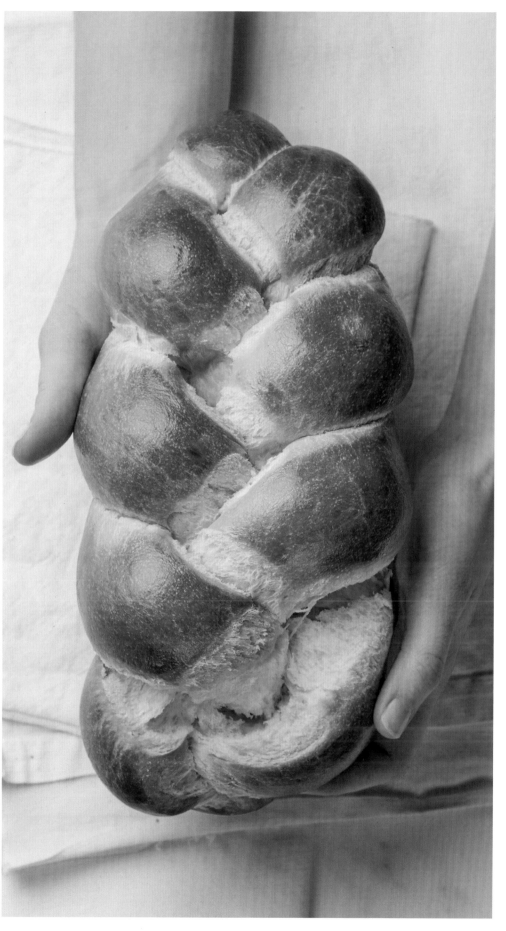

Petit pain au lait
牛奶小麵包

難度 ♤

備料：15分鐘・發酵：2小時15分鐘
・烘烤：12分鐘

8個牛奶小麵包

水180克・蛋50克（1顆）・奶粉20克
・T45麵粉320克・新鮮酵母10克
・鹽7克・糖30克・冷奶油65克

DORURE 蛋液
打散的蛋1顆

PÉTRISSAGE 揉麵
・在電動攪拌機的攪拌缸中放入水、蛋、奶粉、麵粉、酵母、鹽和糖。以慢速攪拌5分鐘，攪拌至麵粉充分吸收液體，並形成黏性麵團。加入小塊奶油，以高速揉麵10分鐘，揉至麵團變得柔韌平滑。將麵團擺在撒有少許麵粉的工作檯上，滾圓並蓋上濕發酵布。

POINTAGE 基本發酵
・在常溫下膨脹30分鐘。

DIVISION ET FAÇONNAGE 分割與整形
・將麵團分為8個每個約80克。滾圓，但不要過度壓實，蓋上濕發酵布，在常溫下鬆弛15分鐘。
・在工作檯上撒麵粉，將麵團初步成形為長橢圓形（見42至43頁），接著整成長12公分的小麵包，擺在30×38公分且鋪有烤盤紙的烤盤上。

APPRÊT 最後發酵
・在25℃的發酵箱中靜置發酵1小時30分鐘（見54頁），或直到麵團的體積膨脹2倍。

CUISSON 烘烤
・將烤箱以旋風模式預熱至180℃。刷上蛋液，用剪刀為每個麵包剪出垂直而筆直的鋸齒狀切口。放入烤箱，接著將溫度調低為160℃，烤約12分鐘。
・出爐後，在網架上放涼。

Danish framboise
覆盆子丹麥麵包

難度 ♡

備料：15分鐘・發酵：1小時45分鐘
・烘烤：12分鐘

8個丹麥麵包

牛奶麵包麵團約680克（見左側配方）
・塔圈用室溫回軟的奶油

APPAREIL À SUCRE 糖糊
室溫回軟的奶油100克・糖100克

DORURE 蛋液
打散的蛋1顆

DÉCOR 裝飾
新鮮覆盆子2盒・切碎開心果30克

DIVISION ET FAÇONNAGE 分割與整形
・在工作檯上撒麵粉，將牛奶麵包麵團分為8個每個約80克。揉成球狀，但不要過度壓實，蓋上濕發酵布，在常溫下靜置15分鐘。
・在工作檯上撒麵粉，接著將麵團擀成直徑10公分的圓餅狀。直徑10公分塔圈預先刷上奶油，擺在30×38公分且鋪有烤盤紙的烤盤上，將圓餅狀麵團放入塔圈內。

APPRÊT 最後發酵
・在25℃的發酵箱中發酵1小時30分鐘（見54頁）。

APPAREIL AU SUCRE ET CUISSON 糖糊與烘烤
・將烤箱以旋風模式預熱至180℃。為圓餅刷上蛋液，接著輕輕按壓中央，形成淺淺的小凹槽。
・將奶油和糖攪打至泛白。填入無花嘴的擠花袋，接著擠在圓餅中央，預留2公分的邊。
・放入烤箱，接著將溫度調低為160℃，烤約12分鐘。
・出爐後，將塔圈移除，在網架上放涼。用新鮮覆盆子和開心果碎裝飾。

Brioche de Saint-Genix

聖傑尼布里歐

難度 ♡

前1天 備料：12至15分鐘 • 發酵：30分鐘 • 冷藏：12小時
當天 備料：40分鐘 • 發酵：3小時30分鐘 • 烘烤：35分鐘

3個布里歐

PÂTE À BRIOCHE 布里歐麵團

蛋300克（6顆）• T45麵粉250克 • T55麵粉250克 • 鹽10克 • 糖40克
• 新鮮酵母25克 • 奶油250克

玫瑰果仁糖（pralines roses）340克

DORURE 蛋液

蛋1顆＋蛋黃1顆，一起打散

PÂTE À BRIOCHE 布里歐麵團（前1天）

• 製作無牛乳和香草精的布里歐麵團（見204頁）。

POINTAGE 基本發酵（當天）

• 蓋上濕發酵布，在常溫下膨脹30分鐘。

• 用手將麵團壓扁，接著加入一半的果仁糖。

• 進行翻麵，蓋上濕發酵布，在常溫下膨脹30分鐘。

• 再度將麵團壓扁，加入另一半的果仁糖。進行翻麵，蓋上濕發酵布，在常溫下膨脹30分鐘。

DIVISION ET FAÇONNAGE 分割與整形

• 將麵團分為3個每個約480克。滾圓，擺在2個30×38公分且鋪有烤盤紙的烤盤上。

APPRÊT 最後發酵

• 在28℃的發酵箱中靜置發酵2小時（見54頁）。

CUISSON 烘烤

• 將烤箱以旋風模式預熱至160℃。

• 輕輕為3塊麵團刷上蛋液，接著先將2個烤盤放入烤箱，將溫度調低為140℃，烤35分鐘。

• 取出在網架上放涼，再烤第3個麵團。

Kouglof 咕咕霍夫

難度 ♔

這款維也納麵包需要花4天的時間形成液態酵母種。

前1天 浸漬：24小時
前1天 備料：12至15分鐘・發酵：30分鐘・冷藏：12至24小時
當天 發酵：2小時・烘烤50分鐘

3個咕咕霍夫

液態酵母種50克

MACÉRATION 浸漬

葡萄乾180克・蘭姆酒30克

PÂTE 麵團

蛋90克（1又1/2顆蛋）・蛋黃70克（4顆）・牛乳40克・T45麵粉290克
・新鮮酵母15克・鹽6克・糖70克・冷奶油250克
....
模具用室溫回軟的奶油和整顆杏仁

SIROP 糖漿

水1公斤＋糖500克，煮沸

FINITION 最後修飾

澄清奶油・糖粉

LEVAIN LIQUIDE 液態酵母種（預計4天）

• 製作液態酵母種（見35頁）。

MACÉRATION 浸漬（前1天）

• 在碗中，用蘭姆酒浸漬葡萄乾至少24小時。

PÉTRISSAGE 揉麵（前1天）

• 在電動攪拌機的攪拌缸中放入蛋、蛋黃、牛乳和液態酵母種，接著加入麵粉、酵母、鹽和糖。如布里歐般揉麵（見204頁），在麵團不再沾黏內壁時，加入小塊奶油。最後以慢速加入瀝乾的葡萄乾，攪拌至與麵團充分混合。

POINTAGE 基本發酵

• 蓋上保鮮膜，在攪拌缸中靜置膨脹30分鐘。

• 擺在撒有少許麵粉的工作檯上，接著進行翻麵。將麵團放入加蓋容器中，冷藏12至24小時。

DIVISION ET FAÇONNAGE 分割與整形（當天）

• 為3個直徑13公分的咕咕霍夫模內刷上大量奶油，在底部凹槽處放入杏仁。將麵團分為3個每個約360克，揉成球狀，在每個麵團中央戳出洞，並以雙手延展成甜甜圈狀，倒置在模具中，密合處朝上。

APPRÊT 最後發酵

• 在25至28℃的發酵箱中靜置發酵2小時（見54頁）。

CUISSON 烘烤

• 將30×38公分的烤盤擺在烤箱中間高度的位置，將烤箱以旋風模式預熱至180℃。將模具放入烤箱，接著將溫度調低為145℃，烤50分鐘。

• 出爐後，為咕咕霍夫脫模，接著趁溫熱時浸入糖漿中，然後刷上大量融化的澄清奶油，擺在網架上。放涼後篩上糖粉。

Babka

巴布卡

難度 ♡

前1天 備料：7至9分鐘•冷藏：12至24小時
當天 備料：30分鐘•發酵：1小時30分鐘至2小時•烘烤：30分鐘

2個巴布卡

水210克•蛋50克（1顆）•T55麵粉500克•奶油60克•鹽9克
•新鮮酵母40克•糖50克•奶粉25克•香草精2克

GARNITURE 餡料

奶油20克•黑糖（vergeoise brune）120克•肉桂粉11克•T55麵粉10克

FINITION 最後修飾

打散的蛋1顆•水50克＋糖65克，煮沸

....

模具用室溫回軟的奶油

UNE BRIOCHE
VENUE DE L'EST
來自東邊的布里歐

這款編織布里歐最初來自東歐，
尤其是波蘭，在猶太美食中又稱為克蘭茨（kranz），
令人想起祖母的百褶裙。以發酵麵團製成，
可填入上千種餡料：巧克力、帕林內、堅果、
藍莓和檸檬、小柑橘果醬（confiture de clémentines）。

PÉTRISSAGE 揉麵（前1天）

- 在電動攪拌機的攪拌缸中倒入水、打好的蛋、麵粉、奶油、鹽、酵母、糖、奶粉和香草精。以慢速攪拌2至3分鐘，接著以中速揉麵5至6分鐘。將麵團從攪拌缸中取出，接著整形成緊密的球狀。放入加蓋容器中，冷藏發酵12至24小時。

GARNITURE 餡料（當天）

- 在碗中用指尖混合奶油、黑糖、肉桂粉和麵粉，直到形成砂狀質地。加蓋並冷藏。

DIVISION ET FAÇONNAGE 分割與整形

- 在撒有麵粉的工作檯上，用擀麵棍將麵團擀成50×30公分且厚約4公釐的長方形 (1)。在表面刷上少許水，接著均勻撒上餡料 (2)。

- 將麵皮從長邊捲起，形成長50公分的密實長條圓柱型。用刀或切麵刀將長條麵卷從長邊切半 (3)，接著將長度切半，形成長25公分的4塊。將2塊麵條扭在一起 (4)，接著擺在25×8×8公分且刷上奶油的長方形蛋糕模（moule à cake）內。剩下的第2塊也重複同樣的步驟，擺在另一個刷有奶油的模具中。

APPRÊT 最後發酵

- 蓋上濕發酵布，在常溫下靜置膨脹1小時30分鐘至2小時。

CUISSON 烘烤

- 將烤箱以旋風模式預熱至180℃。

- 用糕點刷刷上打好的蛋液，接著擺在烤箱中間高度的位置，將溫度調低至150℃，烤30分鐘。

- 出爐時，用糕點刷爲巴布卡刷上糖漿，接著在模具中散熱4至5分鐘後脫模，擺在網架上放涼。

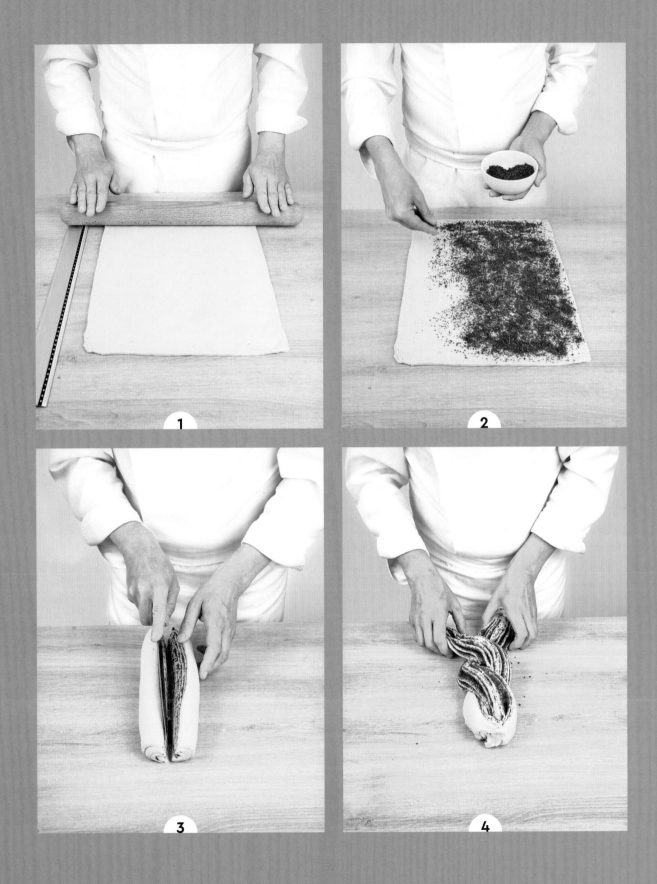

Stollen

史多倫聖誕麵包

難度 ⑦ ⑦

備料：40分鐘・發酵：3小時50分鐘・烘烤：25分鐘

2個史多倫聖誕麵包

LEVAIN-LEVURE 酵母種
牛乳60克・新鮮酵母18克・T45麵粉80克・生杏仁膏（pâte d'amandes crue）22克

PÉTRISSAGE 揉麵
蛋50克（1顆）・牛乳50克・T45麵粉170克・鹽4克・糖30克・冷奶油105克

....

切丁的糖漬橙皮60克・切丁的糖漬檸檬皮30克・切丁的糖漬洋梨乾30克
・蔓越莓乾60克・整顆去皮杏仁60克・去皮開心果30克・杏仁膏120克

FINITION 最後修飾
融化奶油・糖粉

LEVAIN-LEVURE 酵母種
• 在電動攪拌機的攪拌缸中放入牛乳、酵母、麵粉和杏仁膏。以慢速攪拌3分鐘。放入碗中，接著蓋上保鮮膜，在常溫下發酵1小時。麵團的體積應膨脹為2倍。

PÉTRISSAGE 揉麵
• 將酵母種放回攪拌缸，接著加入蛋、牛乳、麵粉、鹽和糖。以慢速攪拌4分鐘，接著以高速攪拌至麵團脫離攪拌缸內壁。加入切成小塊的奶油，揉麵至麵團再度脫離攪拌缸內壁。

• 以慢速加入水果和堅果，攪拌至麵團充分混合。

POINTAGE 基本發酵
• 將麵團放入加蓋容器中，冷藏發酵1小時。

DIVISION ET FAÇONNAGE 分割與整形
• 將麵團分為2個每個約430克，揉成球狀，蓋上濕發酵布，靜置20分鐘。

• 將杏仁膏揉成40公分長的長條，接著切半。

• 將每塊麵團初步成形為25公分長的長橢圓形（見42至43頁），稍微壓平，在每塊麵團中央擺上1條杏仁膏，接著用麵團將杏仁膏包捲起來。

• 擺在30×38公分且鋪有烤盤紙的烤盤上，密合處朝下。

APPRÊT 最後發酵
• 在25℃的發酵箱中靜置發酵1小時30分鐘（見54頁）。

CUISSON 烘烤
• 將烤箱以旋風模式預熱至180℃。放入烤箱中間高度的位置，將溫度調低至150℃，烤25分鐘。

• 出爐後，刷上融化奶油，篩上糖粉。

Panettone 潘娜朵尼

難度 ⬠⬠

這款維也納麵包需要花 4 天的時間形成硬種。

前1天 備料：15分鐘・發酵：12至16小時
當天 備料：40分鐘・發酵：5小時45分鐘至7小時45分鐘・烘烤：40分鐘・乾燥：12小時

2個潘娜朵尼

LEVAIN DUR 硬種 70 克

LEVAIN 酵種

23℃ 的水 80 克・T45 精白麵粉 200 克・蛋黃 110 克（6 顆）・糖 75 克・室溫回軟的奶油 100 克

PÉTRISSAGE 揉麵

T45 精白麵粉 75 克・水 10 克・糖 18 克・蜂蜜 25 克・奶油 45 克
・香草莢剖開刮出的籽 1/2 根・柳橙、檸檬和橘子果皮碎
・蛋黃 36 克（2 顆）・鹽 6 克・水 10 克・切丁的糖漬水果 300 克

MACARONADE 馬卡龍糊

蛋白 100 克（3 顆）・糖 35 克・杏仁粉 100 克
・T45 精白麵粉 15 克・檸檬汁 20 克・刨下的檸檬皮 3 克

糖粉

EVAIN DUR 硬種（預計4天）

• 製作硬種（見 36 頁）。

LEVAIN 酵種（前1天）

• 在電動攪拌機的攪拌缸中放入水、硬種、麵粉和 1/3 的蛋黃。以高速攪拌 8 分鐘，接著加入剩餘的蛋黃、糖和奶油，攪拌 7 分鐘。滾圓，放入刷上奶油且加蓋的大型容器中。在 28℃ 的發酵箱中靜置發酵 12 至 16 小時（見 54 頁）。麵團的體積應膨脹 5 倍。

PÉTRISSAGE ET POINTAGE 揉麵與基本發酵（當天）

• 提前 1 小時將前 1 天的酵種取出，在電動攪拌機的攪拌缸中放入酵種，接著以慢速揉麵至酵種脫離攪拌缸內壁。加入麵粉和水，以慢速揉麵 5 分鐘，接著以慢速一一加入其他食材，將完成的麵團放入加蓋容器中。

• 在 28℃ 的發酵箱中靜置發酵 1 小時（見 54 頁）。

DIVISION ET FAÇONNAGE 分割與整形

• 將麵團分為 2 個每個約 580 克，在鋪有濕發酵布的工作檯上鬆弛 45 分鐘。滾圓，擺在 2 個直徑 16 公分且高 12 公分的潘娜朵尼紙模（moule à panettone）中。

APPRÊT 最後發酵

• 在 28℃ 的發酵箱中靜置發酵 4 至 6 小時（見 54 頁）。

MACARONADE 馬卡龍糊

• 用打蛋器混合蛋白和糖，混入杏仁粉、麵粉，拌勻，加入檸檬汁和檸檬皮。填入無花嘴的擠花袋內，接著在麵團上擠出螺旋狀麵糊。

CUISSON 烘烤

• 將烤箱以旋風模式預熱至 180℃，為每個麵團表面篩上大量的糖粉，糖粉吸收後再度篩上糖粉。放入烤箱底部，將溫度調低至 145℃，烤約 40 分鐘。

• 出爐後，先用大竹籤穿過紙模底部，將潘娜朵尼倒掛（以免塌陷）散熱放涼 12 小時。

Tarte aux poires caramélisées

et noix de pécan sablées

焦糖洋梨胡桃酥塔

難度 ♧

前1天 備料：12至15分鐘 • 發酵：30分鐘 • 冷藏：12小時
當天 備料：20至30分鐘 • 發酵：1小時30分鐘 • 烘烤：40至45分鐘

1個塔

布里歐麵團600克

POIRES CARAMÉLISÉES AU MIEL 蜂蜜焦糖洋梨
蜂蜜100克 • 濃稠鮮奶油（crème fraîche épaisse）20克 • 去皮且切成小塊的洋梨500克

NOIX DE PÉCAN SABLÉES 胡桃酥
水60克 • 糖80克 • 胡桃100克

FINITION 最後修飾
糖粉

PÂTE À BRIOCHE 布里歐麵團（前1天）
• 製作布里歐麵團（見204頁）。

DIVISION ET FAÇONNAGE 分割與整形（當天）
• 取布里歐麵團，揉成球狀，接著用擀麵棍擀成直徑26公分的圓餅狀，放入同樣大小的塔模中。

APPRÊT 最後發酵
• 在25℃的發酵箱中靜置發酵1小時30分鐘（見54頁）。

POIRES CARAMÉLISÉES AU MIEL 蜂蜜焦糖洋梨
• 在平底煎鍋中，以中火將蜂蜜煮至形成漂亮的琥珀色。同時加熱濃稠鮮奶油，接著將熱的鮮奶油倒入焦糖蜂蜜中。加入洋梨，加熱幾分鐘，但不要煮成泥。倒入碗中，在常溫下放涼。

NOIX DE PÉCAN SABLÉES 胡桃酥
• 在小型平底深鍋中，將水和糖加熱至120℃，加入胡桃，用矽膠刮刀不停攪拌至胡桃外層形成白色的沙狀，移至烤盤紙上放涼。

CUISSON 烘烤
• 將烤箱以旋風模式預熱至160℃。

• 用叉子在底部麵團上戳洞，填入焦糖洋梨，外圍預留1公分的邊，接著擺上胡桃酥。接著放入烤箱中間高度的位置，將溫度調低至145℃，烤20至25分鐘。

• 出爐後，在網架上放涼。酥塔的周圍篩上糖粉。

Tarte bressane

布列斯塔

難度 ♤

前1天 備料：23分鐘・發酵：25分鐘・冷藏：12小時
當天 發酵：1小時45分鐘・烘烤：15分鐘

4個塔

PÂTE À BRIOCHE 布里歐麵團
蛋100克（2顆）・新鮮酵母6克・T45麵粉150克・糖15克
・鹽3克・冷奶油70克

GARNITURE 餡料
脂肪含量30%的濃稠鮮奶油（crème fraîche épaisse）80克・粗紅糖40克

DORURE 蛋液
蛋1顆＋蛋黃1顆，一起打散

PÂTE À BRIOCHE 布里歐麵團（前1天）

- 在電動攪拌機的攪拌缸中放入蛋、酵母、麵粉、糖和鹽。以慢速攪拌5分鐘，接著再以中速揉麵8分鐘。

- 確認麵筋網絡，接著加入切成小塊的奶油。以慢速揉麵10分鐘，揉至麵團不再沾黏攪拌缸內壁。

- 將麵團從攪拌缸中取出，蓋上乾發酵布，在常溫下發酵25分鐘。

- 進行翻麵，接著放入加蓋容器中，冷藏至隔天。

DIVISION ET FAÇONNAGE 分割與整形（當天）

- 將麵團分為4個每個約85克，將每塊麵團初步成形為球狀，蓋上乾發酵布，鬆弛15分鐘。用擀麵棍將麵球擀成直徑13公分的圓餅狀。

APPRÊT 最後發酵

- 將圓餅擺在2個30×38公分且鋪有烤盤紙的烤盤上，刷上蛋液，在28℃的發酵箱中發酵1小時30分鐘（見54頁）。

GARNITURE 餡料

- 用手指在每個圓餅上戳5個洞，接著用小湯匙或無花嘴的擠花袋在每個凹洞中填入濃稠鮮奶油，撒上粗紅糖。

CUISSON 烘烤

- 將烤箱以旋風模式預熱至180℃。放入烤箱，接著將溫度調低至160℃，烤15分鐘，烤至塔呈現金黃色且餡料融合。

- 出爐後，在網架上放涼。

Pompe aux grattons

油渣麵包

難度 ○

前1天 備料：12至15分鐘 • 發酵：30分鐘 • 冷藏：12至24小時
當天 發酵：2小時20分鐘 • 烘烤：35分鐘

1個油渣麵包

PÂTE À BRIOCHE 布里歐麵團
蛋150克（3顆）• T45麵粉125克 • T55麵粉125克 • 鹽4克 • 糖20克
• 新鮮酵母10克 • 奶油75克 • 豬油渣（grattons）125克

DORURE 蛋液
蛋1顆＋蛋黃1顆，一起打散

PÂTE À BRIOCHE 布里歐麵團（前1天）

• 製作無牛乳和香草精的布里歐麵團（見204頁）。在揉麵的最後，以慢速加入豬油渣，攪拌至充分混入麵團中。

POINTAGE 基本發酵

• 將麵團放入加蓋容器中，在常溫下發酵30分鐘。

• 進行翻麵，接著加蓋，冷藏12至24小時。

FAÇONNAGE 整形（當天）

• 將麵團揉成球狀。擺在30×38公分且鋪有烤盤紙的烤盤上，蓋上濕發酵布。在常溫下鬆弛20分鐘。

• 用拇指在麵球中央戳洞，雙手拉伸成直徑25公分的圓環狀，在表面刷上蛋液。

APPRÊT 最後發酵

• 在25℃的發酵箱中發酵2小時（見54頁）。

CUISSON 烘烤

• 將烤箱以旋風模式預熱至180℃。

• 再次為麵團表面輕輕刷上一次蛋液。用剪刀蘸水，在環狀麵包周圍以剪刀垂直剪出筆直的鋸齒狀切口。放入烤箱中間高度的位置，接著將溫度調低至150℃，烤35分鐘。

• 出爐後，擺在網架上。

Pastis landais

朗德麵包

難度 ♙

前2天 備料：10分鐘・發酵：30分鐘・冷藏：12小時
前1天 備料：15至17分鐘・發酵：25分鐘・冷藏：12小時
當天 發酵：1小時30分鐘・烘烤：12至15分鐘

10個朗德麵包

SIROP 糖漿

水16克・鹽6克・糖50克・檸檬皮碎1/2顆・柳橙皮碎1/2顆・柑曼怡香橙干邑香甜酒（Grand Marnier®）14克
・蘭姆酒14克・君度橙酒（Cointreau®）14克・橙花水32克

PÂTE FERMENTÉE 發酵麵團

發酵麵團115克

PÉTRISSAGE 揉麵

蛋140克（3小顆）・T45麵粉257克・奶油77克＋模具用奶油
・容器用葵花油

DORURE ET FINITION 蛋液和最後修飾

打散的蛋1顆・珍珠糖

SIROP 糖漿（前1天）

• 在平底深鍋中放入水、鹽和糖。煮至微滾，接著加入檸檬皮和柳橙皮、柑曼怡香橙干邑香甜酒、蘭姆酒、君度橙酒和橙花水。煮沸，接著倒入碗中。放涼，蓋上保鮮膜，在常溫下浸泡至隔天。

PÂTE FERMENTÉE 發酵麵團（前2天）

• 製作發酵麵團，冷藏至隔天（見33頁）。

PÉTRISSAGE 揉麵（前1天）

• 在電動攪拌機的攪拌缸中放入蛋、切成小塊的發酵麵團、糖漿、麵粉和奶油。以慢速攪拌5分鐘，接著以高速揉麵10至12分鐘，攪拌至麵團脫離攪拌缸內壁。

• 將麵團擺在工作檯上，進行兩次翻麵，接著放入刷上油的容器中，蓋上保鮮膜。

POINTAGE 基本發酵

• 在常溫下發酵25分鐘，接著冷藏至隔天。

FAÇONNAGE 整形（當天）

• 將麵團分為10個每個約70克。將每個麵團揉成緊實的球狀，接著放入10個直徑7至8公分且刷上奶油的花邊布里歐模中。

APPRÊT 最後發酵

• 將模具擺在30×38公分的烤盤上，在28℃的發酵箱中發酵1小時30分鐘（見54頁）。

CUISSON 烘烤

• 將烤箱以旋風模式預熱至180℃。

• 輕輕刷上蛋液，勿讓蛋液落在模具內壁。撒上珍珠糖，接著放入烤箱中間高度的位置，將溫度調低至160℃，烤12至15分鐘。

• 從烤箱中取出，脫模後在網架上放涼。

Galette des Rois briochée

布里歐國王烘餅

難度 ♙ ♙

前1天 備料：20分鐘・發酵：1小時30分鐘・冷藏：12小時
當天 備料：15分鐘・發酵：2小時20分鐘・烘烤：20分鐘

2個烘餅

LEVAIN-LEVURE 酵母種
T45麵粉63克・全脂牛乳38克・新鮮酵母3克

SIROP 糖漿
奶油75克・糖63克・水25克・君度橙酒（Cointreau®）13克・香草精7克

PÉTRISSAGE 揉麵
蛋80克（1又1/2顆）・T45麵粉187克・新鮮酵母5克・鹽5克・切丁的糖漬水果100克

DORURE 蛋液
蛋1顆＋蛋黃1顆，一起打散

FINITION 最後修飾
蠶豆2顆・杏桃果膠（Nappage à l'abricot）・珍珠糖（Sucre casson）・糖漬水果115克

LEVAIN-LEVURE 酵母種（前1天）

- 在碗中用刮刀混合麵粉、牛乳和酵母。蓋上保鮮膜，在常溫下保存1小時。

SIROP 糖漿

- 在小型平底深鍋中將奶油加熱至融化，接著加入糖、水、君度橙酒和香草精。蓋上保鮮膜，保存在常溫下。

PÉTRISSAGE 揉麵

- 在攪拌缸中倒入一半的糖漿（約60克）、蛋、酵母種、麵粉、酵母和鹽。以慢速攪拌4分鐘，接著再以高速揉麵至麵團脫離攪拌缸內壁，緩緩倒入剩餘的糖漿混入麵團，接著揉麵至麵團再度脫離攪拌缸內壁，以慢速加入糖漬水果，形成均勻麵團。

POINTAGE 基本發酵

- 放入容器中，蓋上保鮮膜，室溫發酵30分鐘，接著冷藏至隔天。

DIVISION ET FAÇONNAGE 分割與整形（當天）

- 將麵團分為2個每個約330克，接著將每個麵團揉成球狀。蓋上濕發酵布，在常溫下鬆弛20分鐘。

- 用拇指在麵球中央戳洞，用雙手延展成直徑18公分的圓環狀。將麵團擺在2個30×38公分且鋪有烤盤紙的烤盤上。

APPRÊT 最後發酵

- 在25℃的發酵箱中靜置發酵2小時（見54頁）。

CUISSON 烘烤

- 將烤箱以旋風模式預熱至145℃。為麵團表面刷上蛋液，接著入烤箱烤20分鐘。將烘餅從烤箱中取出，擺在網架上放涼。用刀尖在圓環底部戳出小洞，各放入1個瓷偶（或蠶豆 fève）。

FINITION 最後修飾

- 將杏桃果膠加熱至微溫，用糕點刷刷在烘餅的整個表面。

- 一手拿烘餅，另一隻手拿著珍珠糖。在每個烘餅周圍黏上珍珠糖，接著在表面裝飾上糖漬水果。

Surprise normande

諾曼第驚喜

難度 ✿ ✿ ✿

前1天 備料：12至15分鐘 • 發酵：30分鐘 • 冷藏：12至24小時
當天 備料：40分鐘 • 發酵：3小時 • 冷藏：1小時 • 烘烤：1小時

MATÉRIEL 器材
焦糖用矽膠圓錐形模6個 • 布里歐用附蓋正方模（邊長6公分）6個
• 料理溫度計

6個諾曼第驚喜

PÂTE À BRIOCHE 布里歐麵團
布里歐麵團270克

CHIPS DE POMME 蘋果片
小蘋果1顆 • 糖粉

CARAMEL 焦糖
糖125克 • 液態鮮奶油125克 • 奶油50克 • 香草莢剖開刮出的籽1根
• 肉桂棒1/2根 • 鹽之花2克

SIROP DE POCHAGE 燉煮糖漿
水500克 • 糖100克 • 香草莢剖開刮出的籽1根 • 肉桂棒1根 • 蘋果白蘭地（calvados）50克

POMMES POCHÉES 燉煮蘋果
皇家加拉（Royal Gala）小蘋果6顆

················

模具用室溫回軟的奶油

ASTUCES
訣竅

焦糖內餡必須充分冷凍後
再嵌入烤好的布里歐中。
提前製作糖漿，甚至可提前1天，
讓香料充分浸泡。
燉煮時，糖漿會讓蘋果充滿香氣。

PÂTE À BRIOCHE 布里歐麵團（前1天）

- 製作布里歐麵團（見204頁）。

CHIPS DE POMME 蘋果片（當天）

- 將烤箱以旋風模式預熱至90℃。用蔬果切片器（mandoline）將蘋果切成薄片。擺在鋪有烤盤紙的烤盤上，篩上糖粉 **(1)**，入烤箱烤約45分鐘。

CARAMEL 焦糖

- 在平底深鍋中，以中火乾煮糖，煮至形成漂亮的琥珀色。同時加熱鮮奶油，接著將熱的鮮奶油倒入焦糖中 **(2)**，再加入奶油、香草籽、肉桂和鹽之花。加熱至料理溫度計顯示112℃。在每個圓錐狀模具中倒入20克焦糖，冷凍。

DIVISION ET FAÇONNAGE 分割與整形

- 將布里歐麵團分爲6個45克，接著揉成球狀，擺在鋪有烤盤紙的烤盤上，蓋上保鮮膜，接著冷藏至少1小時。

SIROP DE POCHAGE 燉煮糖漿

- 在大的平底深鍋中加入水、糖、香草莢和香草籽，以及肉桂棒。煮沸後加入蘋果白蘭地，預留備用。

POMMES POCHÉES 燉煮蘋果

- 將蘋果削皮，挖去果核。將每顆蘋果切成邊長4公分的方塊，放入燉煮糖漿中 **(3)**。蓋上烤盤紙和蓋子，接著燉煮5分鐘。將蘋果丁取出，在吸水紙上瀝乾，放涼。

FAÇONNAGE 整形

- 用擀麵棍將麵團擀成直徑10公分的圓餅狀，接著在每個圓餅中包入蘋果丁 **(4)**，形成錢包狀。放入底部鋪有方形烤盤紙且刷上奶油的模具中，密合處朝下 **(5)**。加蓋，擺在30×38公分的烤盤上。

APPRÊT 最後發酵

- 在28℃的發酵箱中靜置發酵3小時（見54頁）。

CUISSON 烘烤

- 將烤箱以旋風模式預熱至160℃。

- 放入烤箱中間高度的位置，烤14分鐘。

- 出爐後，在網架上脫模並放涼。將冷凍焦糖內餡插入每個布里歐中央的蘋果丁中 **(6)**，在周圍篩上糖粉，在一側插上1片蘋果片。

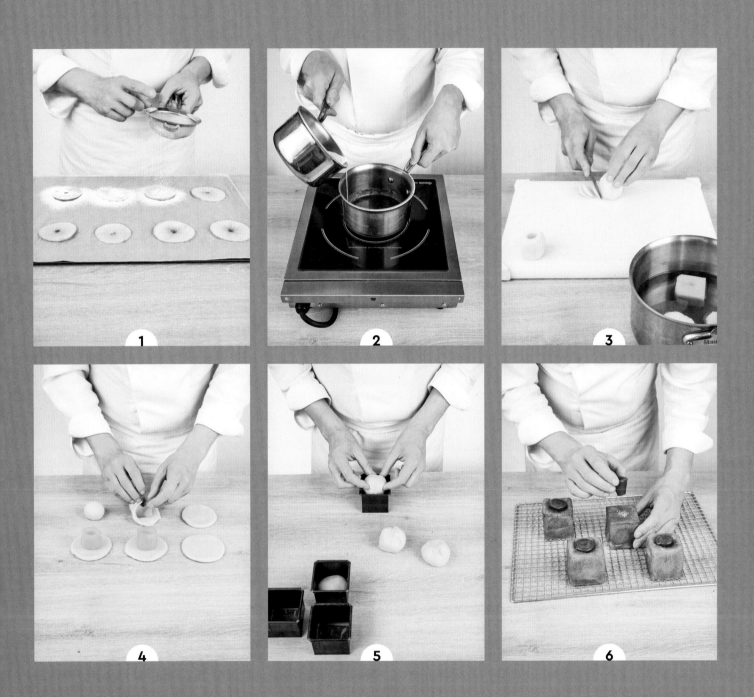

Mon chou framboise

我的覆盆子泡芙

難度 ☁☁☁

前1天 備料：約35分鐘 • 發酵：30分鐘 • 冷藏：12至24小時
當天 備料：20分鐘 • 冷凍：30分鐘 • 發酵：2小時 • 烘烤：50分鐘

MATÉRIEL 器材

壓模2個（直徑3公分和9公分） • 矽膠模6個（直徑4公分） • 小塔圈6個（直徑10公分）

6個泡芙

PÂTES À BRIOCHE NATURE ET ROUGE 原味和紅色布里歐麵團

布里歐麵團650克 • 紅色食用色素1刀尖

CRAQUELIN 脆皮

室溫回軟的奶油10克 • 鹽之花1撮 • 粗紅糖13克 • T45麵粉13克
• 紅色食用色素1刀尖

PÂTE À CHOUX 泡芙麵糊

水62克 • 鹽1撮 • 糖1撮 • 奶油28克 • T45麵粉35克 • 蛋60克（1大顆）

BROWNIE CHOCOLAT 巧克力布朗尼

覆淋牛奶巧克力（chocolat de couverture au lait）38克 • 奶油38克 • 蛋25克（1/2顆） • 糖42克 • T45麵粉15克

CRÈME FRAMBOISE 覆盆子蛋奶餡

液態鮮奶油62克 • 覆盆子果肉（pulpe de framboises）62克 • 糖25克 • 蛋黃25克（1顆蛋黃）
• 玉米澱粉10克 • 覆盆子酒1/2瓶蓋

DORURE 蛋液

蛋1顆＋蛋黃1顆，一起打散

SIROP 糖漿

水100克＋糖130克，煮沸

PÂTES À BRIOCHE NATURE ET ROUGE
原味和紅色布里歐麵團（前1天）

- 製作布里歐麵團（見204頁）。

- 在將布里歐麵團冷藏之前，取250克的麵團，和紅色食用色素一起放入裝有攪拌槳的電動攪拌機的攪拌缸中，攪拌至顏色均勻。將2種麵團分別揉成球狀 **(1)**，包上保鮮膜，冷藏12至24小時。

CRAQUELIN 脆皮

- 在裝有攪拌槳的電動攪拌機的攪拌缸中，混合切成小塊的奶油、鹽、粗紅糖、麵粉和食用色素，攪拌至形成均勻的麵團。揉成球狀，接著夾在2張烤盤紙之間擀成約2公釐的厚度，冷藏 **(2)**。

PÂTE À CHOUX 泡芙麵糊

- 在平底深鍋中將水、鹽、糖和奶油煮沸。離火，加入麵粉。用刮刀攪拌至形成平滑濃稠的麵糊。再度加熱，一邊攪拌將麵糊加熱至水分揮發。

- 放涼，逐量加入打好的蛋液，拌勻。在麵糊落下會形成「V」字形時，表示已達適當稠度。填入裝有10號花嘴的擠花袋中，冷藏至隔天。（也可在當天製作泡芙麵糊。）

LE JOUR MÊME 當天

- 將烤箱以旋風模式預熱至200℃。

- 在30×38公分且鋪有烤盤紙的烤盤上，用擠花袋擠出直徑3公分的小球狀泡芙麵糊。裁出6個直徑同泡芙麵糊大小的脆皮圓餅，蓋在每個泡芙麵糊上 **(3)**。入烤箱烤30分鐘。在網架上放涼。

BROWNIE CHOCOLAT 巧克力布朗尼

- 將烤箱以旋風模式預熱至170℃。

- 在碗中將巧克力和奶油隔水加熱至融化。用打蛋器將蛋和糖攪拌至稍微泛白，接著加入麵粉，混合上述2種備料，在每個矽膠模中倒入20克 **(4)**，入烤箱烤8分鐘。

CRÈME FRAMBOISE 覆盆子蛋奶餡

- 在平底深鍋中將鮮奶油和覆盆子果肉煮沸。在一旁將糖和蛋黃攪拌至泛白，接著加入玉米澱粉。倒入1/3熱的鮮奶油和覆盆子，拌勻，再全部倒回平底深鍋中，煮至變得濃稠。離火，加入覆盆子酒。倒入碗中，在覆盆子蛋奶餡表面緊貼上保鮮膜，冷藏保存。

FAÇONNAGE 整形

- 將400克的原味布里歐麵團分為2個麵團，1個250克，1個150克。將250克的原味和紅色麵團擀成2個同樣大小，且厚2公釐的長方片。用水濕潤原味的長方形麵皮，擺上紅色的長方形麵皮 **(5)**。放入冷凍15分鐘，接著再擀至約3公釐的厚度，再次冷凍15分鐘。

- 取出雙色麵團，用直徑3公分的壓模裁出54個圓餅狀 **(6)**，擺在30×38公分且鋪有保鮮膜的烤盤上，冷藏。

- 將150克的原味布里歐麵團擀至1.5公釐的厚度，用叉子戳洞。擺在烤盤上，冷凍至硬化，接著用壓模裁出6個直徑9公分的圓餅狀，擺在30×38公分且鋪有烤盤紙的烤盤上，每個套上刷有奶油的小塔圈。用水濕潤表面，接著在每個塔圈周圍交疊擺上9個直徑3公分的雙色圓餅 **(7)**。

APPRÊT 最後發酵

- 在25℃的發酵箱中靜置發酵2小時（見54頁）。

CUISSON 烘烤

- 將烤箱以旋風模式預熱至145℃。

- 取出烤盤，接著在每個塔圈中央壓入1塊巧克力布朗尼 **(8)**。

- 用打蛋器將覆盆子蛋奶餡攪拌至平滑，填入裝有8號圓口花嘴的擠花袋，為6顆泡芙填餡。在每個巧克力布朗尼上擺上1顆泡芙 **(9)**，每個麵團上刷上蛋液（不要刷在泡芙上），入烤箱烤12分鐘。

- 出爐後，將塔圈移除，刷上糖漿，再烤幾秒鐘，將糖漿烤乾。擺在網架上。

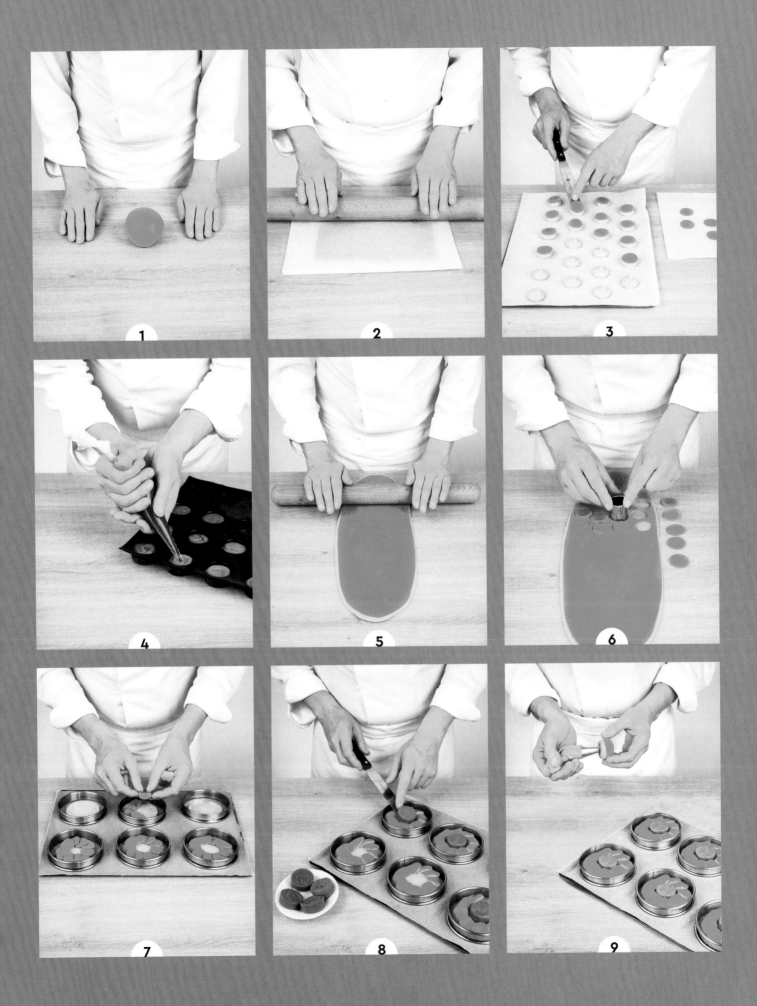

Choco-coco 巧克椰子

難度 ♙ ♙ ♙

前1天 備料：12至15分鐘・發酵：30分鐘・冷藏：12至24小時
當天 備料：40分鐘・發酵：2小時30分鐘・烘烤：17分鐘

MATÉRIEL 器材

矽膠圓餅內嵌6連模（直徑6公分）・裝飾框矽膠模6個（30.5公分長）・小塔圈6個（直徑10公分）

6個巧克椰子

PÂTE À BRIOCHE 布里歐麵團

布里歐麵團270克

CRÈME DE COCO 椰子醬

椰子果肉（pulpe de noix de coco）140克・椰子糊（pâte de noix de coco）60克・玉米澱粉16克
・馬里布酒（Malibu®）18克

PÂTE À CIGARETTE 煙捲麵糊

室溫回軟的奶油25克・糖粉25克・蛋白25克（1小顆）
・可可粉10克・T55麵粉25克

CRUMBLE COCO 椰子酥粒

T55麵粉30克・奶油25克・紅糖（Sucre roux）25克・椰子絲（noix de coco râpée）25克

DORURE 蛋液

蛋1顆＋蛋黃1顆，一起打散

GLAÇAGE CHOCOLAT 巧克力鏡面

液態鮮奶油65克・蜂蜜11克・覆淋黑巧克力（chocolat de couverture noir）65克（可可脂含量64%）・奶油11克

DÉCOR 裝飾

金箔（可省略）

PÂTE À BRIOCHE 布里歐麵團（前1天）

- 製作布里歐麵團（見204頁）。

CRÈME DE COCO 椰子醬（當天）

- 在小型平底深鍋中，將椰子果肉和椰子糊煮至微滾。混合 1大匙的水（份量外）和玉米澱粉，倒入熱液體中，接著煮沸，一邊攪拌，加入馬里布酒，拌勻。倒入無花嘴的擠花袋內，填入矽膠圓餅連模 **(1)**。冷凍1小時或冷凍至硬化。

PÂTE À CIGARETTE 煙捲麵糊

- 在碗中，用打蛋器將奶油和糖粉攪拌至泛白。加入蛋白、可可和麵粉，接著用刮刀攪拌至形成均勻的麵糊。用小刮刀填入裝飾框模 **(2)**，冷藏。

DIVISION ET FAÇONNAGE 分割與整形

- 將布里歐麵團分為6個45克，滾圓擺在30×38公分且鋪有烤盤紙的烤盤上 **(3)**，冷藏約1小時。
- 用擀麵棍將麵球擀成直徑9公分的圓餅狀。
- 將小塔圈擺在30×38公分且鋪有烤盤紙的烤盤上。在模具內鋪上冷的裝飾框條，花樣朝向模具內，在中央擺入布里歐圓餅 **(4)**。

APPRÊT 最後發酵

- 在25℃的發酵箱中靜置發酵1小時30分鐘（見54頁）。

CRUMBLE COCO 椰子酥粒

- 在裝有攪拌槳的電動攪拌機的攪拌缸中混合麵粉、奶油、紅糖和椰子絲 **(5)**，攪拌至形成砂狀質地。蓋上保鮮膜，冷藏至使用的時刻。

CUISSON 烘烤

- 將烤箱以旋風模式預熱至160℃。
- 為模具內的麵團刷上蛋液，撒上椰子酥粒。在中央壓入冷凍的椰子醬內餡 **(6)(7)**。放入烤箱，接著將溫度調低為145℃，烤17分鐘。
- 出爐後，脫模，輕輕將裝飾框條移除。擺在網架上放涼。

GLAÇAGE CHOCOLAT 巧克力鏡面

- 將鮮奶油和蜂蜜煮至微滾，倒入巧克力中，接著加入切成小塊的奶油 **(8)**，攪拌至形成平滑的混料。再秤重一次，確保有150克的鏡面。如果不夠，可用鮮奶油補足。
- 在每個布里歐中央鋪上25克的巧克力鏡面 **(9)**。

DÉCOR 裝飾

- 可用金箔裝飾。

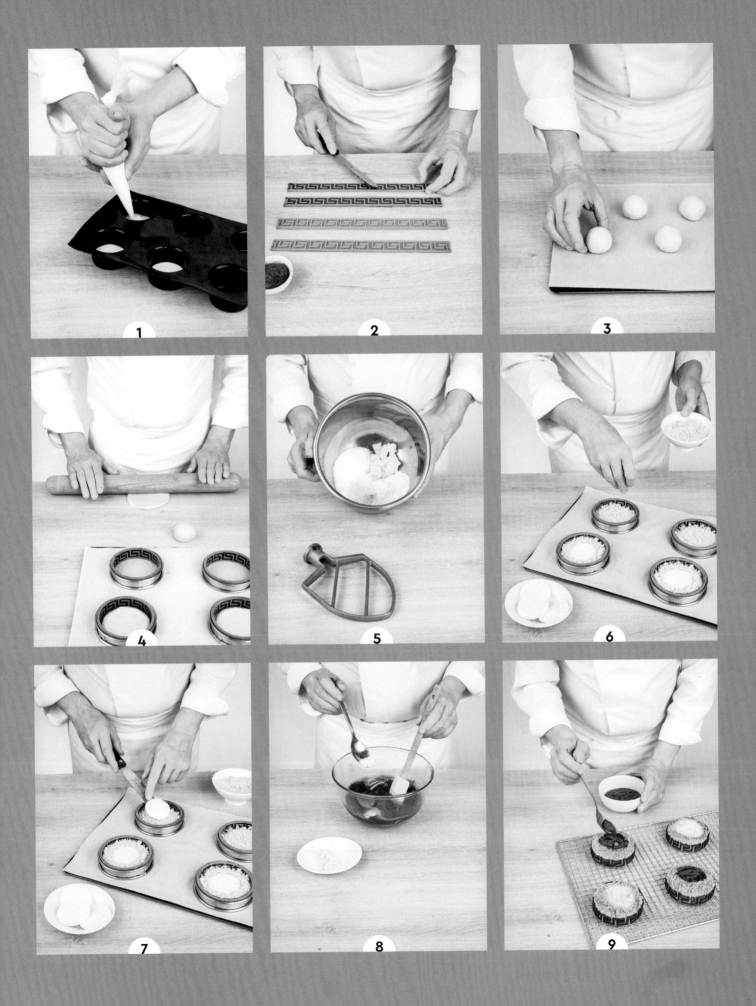

Croissant

可頌

難度 ⛶ ⛶

前1天 備料：5分鐘・發酵：12小時
當天 備料：20分鐘・發酵：2至3小時・烘烤：18分鐘

6個可頌

PÂTE À CROISSANT 可頌麵團
自選的可頌麵團580克

DORURE 蛋液
蛋1顆＋蛋黃1顆，一起打散

BEURRE SPÉCIAL TOURAGE
折疊專用奶油

低水分奶油（beurre sec），
或者稱折疊用奶油（beurre de tourage），
經常用於糕點類麵包的製作。
由至少84%的脂肪所構成，較一般奶油硬，
在熱的地方較好加工，並具有出色的可塑性，
有利於麵團的延展。
主要用於製作千層派皮和維也納類麵包。

PÂTE À CROISSANT 可頌麵團（前1天）

• 製作可頌麵團（見206頁）。

DIVISION ET FAÇONNAGE 分割與整形

• 在撒有少許麵粉的工作檯上，用擀麵棍將麵團擀成35×28公分且厚度約3.5公釐的長方形 **(1)**。

• 切成6個寬9公分且高26公分的等腰三角形 **(2)(3)**，接著從底部開始捲起 **(4)(5)**。

APPRÊT 最後發酵

• 將可頌擺在30×38公分且鋪有烤盤紙的烤盤上。刷上蛋液 **(6)**，在25℃的發酵箱中靜置發酵2至3小時（見54頁），直到體積膨脹為2倍 **(7)**，或是蓋上乾的發酵布，靜置在常溫下。

CUISSON 烘烤

• 將烤箱以旋風模式預熱至180℃。再輕輕刷上一次蛋液 **(8)**，放入烤箱中間高度的位置，將溫度調低至165℃，烤18分鐘 **(9)**。

• 出爐後，將可頌擺在網架上。

NOTE注意：保留切剩的可頌麵團。平放，用保鮮膜包起，冷凍。可用於如麵包師的反烤蘋果派（見296頁）或杏仁榛果小蛋糕（見298頁）等配方。可保存約15天。

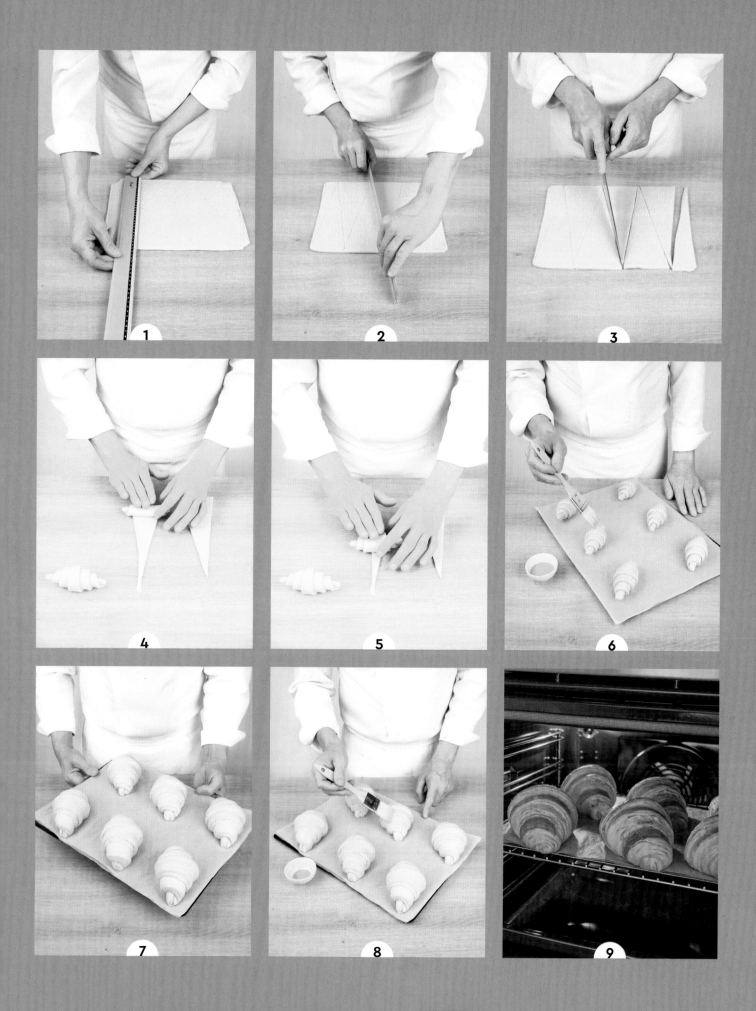

Pain au chocolat

巧克力麵包

難度 ♤

前1天 備料：15分鐘・發酵：12小時
當天 備料：20分鐘・發酵：2至3小時・烘烤：18分鐘

6個巧克力麵包

PÂTE À CROISSANT 可頌麵團
可頌麵團450克・巧克力棒（barres de chocolat）12根

DORURE 蛋液
蛋1顆＋蛋黃1顆，一起打散

PÂTE À CROISSANT 可頌麵團（前1天）
• 製作2個雙折的可頌麵團（見206和208頁）。

DIVISION ET FAÇONNAGE 分割與整形（當天）
• 在工作檯上撒麵粉，接著用擀麵棍將麵團擀成35×28公分且厚度約3.5公釐的長方形。

• 切成6個13×8公分的長方形。在每個長方形麵皮上擺入1根巧克力棒，捲起一圈，再擺入1根巧克力棒捲起，接口朝下放置。

APPRÊT 最後發酵
• 將巧克力麵包擺在30×38公分且鋪有烤盤紙的烤盤上。刷上蛋液，接著在25℃的發酵箱中靜置發酵2至3小時（見54頁），直到麵包的體積膨脹為2倍，或是蓋上乾發酵布，靜置在常溫下。

CUISSON 烘烤
• 將烤箱以旋風模式預熱至180℃。

• 輕輕再刷上一次蛋液，接著放入烤箱中間高度的位置，將溫度調低至165℃，烤18分鐘。

• 出爐後，將巧克力麵包擺在網架上。

> **NOTE 注意**：保留切剩的可頌麵團。平放，用保鮮膜包起，冷凍。可用於如麵包師的反烤蘋果派（見296頁）或杏仁榛果小蛋糕（見298頁）等配方。可保存約15天。

Pain au gianduja

noisette bicolore

雙色占度亞榛果巧克力麵包

難度 ☁ ☁

前1天 備料：15分鐘・發酵：12小時
當天 備料：45分鐘・冷藏：1小時・發酵：2至3小時・烘烤：18分鐘

占度亞麵包6個

PÂTE À CROISSANT NATURE 原味可頌麵團
可頌麵團450克

PÂTE AU CHOCOLAT 巧克力麵團
可頌的基本揉和麵團（見206頁）110克・糖粉9克・可可粉9克・低水分奶油22克

INSERT CROQUANT AU GIANDUJA 占度亞酥脆內餡
牛奶巧克力15克・占度亞榛果巧克力60克・碎榛果25克・脆片（pailleté feuilletine）40克

SIROP 糖漿
水100克＋糖130克，煮沸

UNE GOURMANDISE À L'ITALIENNE
義式美食

這道配方發明於十九世紀，以義大利即興喜劇
（Commedia dell'arte）中性格鮮明的角色
占度亞・杜哈（Gioan d'la douja）為名。
占度亞榛果巧克力醬由巧克力和
至少30%的榛果醬所構成，
傳統配方是以皮埃蒙特的榛果製成。

PÂTE À CROISSANT 可頌麵團（前1天）

- 製作2個雙折的可頌麵團（見206和208頁）。

PÂTE AU CHOCOLAT 巧克力麵團（當天）

- 在電動攪拌機的攪拌缸中放入可頌的基本揉和麵團、糖粉、可可和奶油。以慢速攪拌至形成均勻麵團。擀成邊長15公分的正方形，蓋上保鮮膜，冷藏至硬化（約1小時）。

INSERT CROQUANT AU GIANDUJA 占度亞酥脆內餡

- 將巧克力和占度亞榛果巧克力隔水加熱至融化。在碗中放入碎榛果，接著加入融化的巧克力。用刮刀拌勻，接著混入脆片。將備料擺在工作檯上，搓揉成直徑1公分的長條狀。用保鮮膜包起，冷藏至變硬，接著切成6個長8公分的圓柱狀。

MONTAGE 組裝

- 將可頌麵團擀成邊長15公分的正方形，接著用糕點刷在表面刷上少量水。

- 在表面擺上巧克力麵團。擀成35×28公分且厚度約3.5公釐的長方形。用切割器或小刀和尺，在巧克力麵皮上劃出規則的斜線 (1)。冷藏至硬化，接著輕輕將麵皮在工作檯上翻面，巧克力面朝下。

- 切成6個13×8公分的長方形 (2)。在每個長方形麵皮上擺上1條占度亞酥脆內餡 (3)，接著捲起 (4)，擺在30×38公分且鋪有烤盤紙的烤盤上。

APPRÊT 最後發酵

- 在25℃的發酵箱中靜置發酵2至3小時（見54頁）。

CUISSON 烘烤

- 將烤箱以旋風模式預熱至180℃。

- 放入烤箱中間高度的位置，將溫度調低至165℃，烤18分鐘。

- 出爐後，擺在網架上，刷上糖漿。

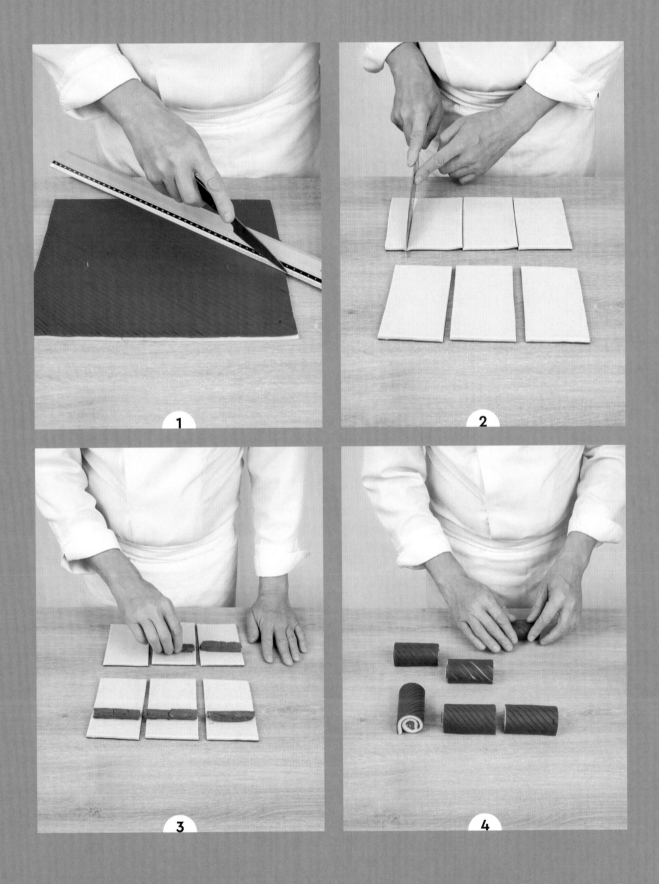

Pain aux raisins

葡萄麵包

難度 ♡

前1天 備料：15分鐘・發酵：12小時
當天 備料：30分鐘・冷藏：1小時・發酵：2小時・烘烤：19分鐘

6個葡萄麵包

可頌麵團580克

....

前1天以40克蘭姆酒浸漬的金黃葡萄乾100克

CRÈME PÂTISSIÈRE 卡士達醬
蛋黃20克（1顆）・糖20克・卡士達粉10克
・香草莢剖開刮出的籽1/2根・牛乳100克

SIROP 糖漿
水100克＋糖130克，煮沸

PÂTES À CROISSANT 可頌麵團（前1天）
• 製作2個雙折的可頌麵團（見206和208頁）。

CRÈME PÂTISSIÈRE 卡士達醬（當天）
• 在碗中用打蛋器將蛋黃和糖攪拌至泛白，接著加入卡士達粉和香草籽。在平底深鍋中將牛乳煮沸，接著將一半的牛乳倒入先前的蛋黃與糖中，拌勻。

• 將混料倒回裝有剩餘牛乳的平底深鍋中，接著以中火煮沸，不停攪拌。煮沸約30秒，接著倒入碗中，在卡士達醬表面緊貼上保鮮膜，冷藏至冷卻。

FAÇONNAGE ET APPRÊT 整形與最後發酵
• 用擀麵棍將可頌麵團擀成60×20公分且厚2公釐的長方形。用指尖將內緣稍微壓扁，以固定麵團，接著用水濕潤周圍1公分處。

• 用刮刀將卡士達醬鋪在麵皮上，留下濕潤的邊緣。撒上浸漬瀝乾的葡萄乾，接著從上至下將長邊捲成緊實的圓柱狀，密合接口。

• 冷藏變硬後再切成6塊。擺在30×38公分且鋪有烤盤紙的烤盤上，為每塊麵團套上直徑10公分且刷上奶油的小塔圈。

• 在25至28℃的發酵箱中靜置發酵2小時（見54頁），或是直到體積膨脹為2倍。

CUISSON 烘烤
• 將烤箱以旋風模式預熱至180℃。放入烤箱中間高度的位置，接著將溫度調低至165℃，烤18分鐘。

• 從烤箱取出，將溫度調高至220℃，移去小塔圈，為葡萄麵包刷上糖漿。再烤約1分鐘。

• 出爐後，擺在網架上。

變化版

Roulé praliné-pécan
胡桃帕林內卷

• 用20克的蛋黃、20克的糖、10克的卡士達粉、1/2根香草莢剖開刮出的籽、90克的牛乳和10克的濃稠（高脂）鮮奶油（crème épaisse）製作卡士達醬。煮好時，加入40克的帕林內。用100克約略切碎的胡桃取代金黃葡萄乾。

Kouign-amann

焦糖奶油酥

難度 ♡

前1天或前2天 備料：10分鐘 • 發酵：30分鐘 • 冷藏：12至48小時
當天 冷凍：20分鐘 • 發酵：2小時20分鐘 • 烘烤：30分鐘
基礎溫度：54

6個焦糖奶油酥

水120克 • 傳統法國麵粉200克 • 鹽20克 • 新鮮酵母8克

TOURAGE 折疊

低水分奶油（beurre sec）150克 • 糖180克＋模具用糖

PÉTRISSAGE 揉麵（前1天或前2天）

• 在電動攪拌機的攪拌缸中放入水、麵粉、鹽和酵母。以慢速攪拌4分鐘，接著以中速揉麵6分鐘。揉至麵團攪拌完成溫度在23至25℃之間。

POINTAGE 基本發酵

• 將麵團從攪拌缸中取出，放入加蓋容器中，在常溫下發酵30分鐘。進行翻麵，加蓋，冷藏12至48小時。

TOURAGE 折疊（當天）

• 在烤盤紙上將奶油擀成正方形（見206頁）。

• 將麵團擀成略大於奶油的長方形。將奶油擺在麵皮中央。將二側的麵皮切下，將2塊基本揉和麵皮擺在奶油上，蓋住奶油。擀至約3.5公釐的厚度。進行一次單折（見206頁），接著覆蓋麵團，冷凍20分鐘。

• 取出麵團，接著擺在撒上少許麵粉的工作檯上。在表面撒上一半的折疊用糖，接著進行第兩次單折。蓋上乾的發酵布，在工作檯上靜置約30分鐘。

• 撒上剩餘的糖，接著進行第3次單折。再次蓋上乾發酵布，靜置20分鐘。

FAÇONNAGE 整形

• 將麵團擀成4公釐的厚度，並切成6塊邊長10公分的正方形。將4個角朝中央折起。將麵團擺在6個直徑10公分且撒上糖的高邊蛋糕模內，擺在30×38公分的烤盤上。

APPRÊT 最後發酵

• 在28℃的發酵箱中發酵1小時30分鐘（見54頁）。

CUISSON 烘烤

• 將烤箱以旋風模式預熱至180℃，接著放入烤箱中間高度的位置，烤10分鐘。將溫度調低至170℃，烤10分鐘。再將溫度調低至160℃，續烤10分鐘。

• 從烤箱中取出，脫模後在網架上放涼。

> **NOTE 注意**：這道配方亦可用可頌麵團製作。因此可將配方中的麵團替換為350克的可頌麵團，並以相同方式進行。

Ananas croustillant

鳳梨酥餅

難度 ☺ ☺ ☺

前1天 備料：10分鐘・冷藏：12小時
當天 備料：30分鐘・冷凍：1小時30分鐘・發酵：1小時30分鐘・烘烤：32分鐘

MATÉRIEL 器材

小塔圈6個（直徑10公分）・壓模1個（直徑8公分）・矽膠圓餅內嵌6連模（直徑6公分）
・矽膠半球形內嵌6連模（直徑3公分）

6個鳳梨酥餅

PÂTE À CROISSANT 可頌麵團

DÉTREMPE 基本揉和麵團
T45麵粉300克・鹽6克・新鮮酵母12克・糖42克
・奶油30克・水96克・牛乳60克

折疊 TOURAGE
冰涼的低水分奶油（beurre sec）180克

COMPOTÉE D'ANANAS 鳳梨果漬

糖35克・奶油25克・香草莢剖開刮出的籽1根・切丁的鳳梨200克
・卡士達粉（poudre à crème pâtissière）4克・鳳梨汁8克・蘭姆酒7克・馬里布酒（Malibu®）3克
....
鳳梨3片（橫剖成6薄片）

CRÈME DE COCO 椰子醬

椰子果肉56克・椰子糊（pâte de coco）24克・玉米澱粉6克・馬里布酒3克

SIROP 糖漿

水100克＋糖130克，煮沸

DÉCOR 裝飾

青檸檬皮碎1顆
....
塔圈用葵花油

DÉTREMPE 基本揉和麵團（前1天）

- 在電動攪拌機的攪拌缸中放入麵粉、鹽、酵母、糖、奶油、水和牛乳。以慢速攪拌5分鐘，接著再以中速揉麵5分鐘。揉成球狀，接著蓋上保鮮膜，冷藏至少12小時。

TOURAGE 折疊（當天）

- 將麵團擀至1.5公分的厚度，夾入奶油進行一次雙折和一次單折（見208頁）。加蓋，冷凍30分鐘。

- 將麵團的折痕朝向自己擺放。劃出寬2公分的垂直線，接著切下並分開 (1)。用糕點刷為每條麵團刷上冷水。將麵條豎起，並排黏合，讓分層明顯可見。將麵團靠攏，以利緊密貼合 (2)。將麵團擺在鋪有烤盤紙的烤盤上，冷凍保存20分鐘。

- 再將麵團擺在工作檯上，讓分層垂直朝向自己。將麵團擀至3.5公釐的厚度，冷凍保存20分鐘。

- 從分層的相反方向切出寬2公分的條狀 (3)。取6條麵條，鋪在刷上油的小塔圈內壁 (4)。用剩餘的麵條進行調整，填補每個塔圈中的空隙，確保麵條在塔圈內壁緊密排列。

- 收集切下的剩餘麵皮，平放，不要過度揉捏。擀至1.5公釐的厚度，用叉子戳洞 (5)。將麵皮擺在鋪有烤盤紙的烤盤上，冷凍保存20分鐘。

- 用壓模裁出6個圓餅，擺在小塔圈底部。在28℃的發酵箱中發酵最多1小時30分鐘（見54頁）。

COMPOTÉE D'ANANAS 鳳梨果漬

- 在平底深鍋中製作焦糖，乾煮糖，接著加入切成小塊的奶油、香草籽和鳳梨丁。將卡士達粉摻入鳳梨汁中，接著加入平底深鍋中，讓混料變稠。倒入蘭姆酒和馬里布酒。

- 用湯匙在每個內嵌半圓矽膠模中放入30克的果漬 (6)，冷凍至硬化。

CRÈME DE COCO 椰子醬

- 在小型平底深鍋中，將椰子果肉和椰子糊煮至微滾。混合1大匙的水（份量外）和玉米澱粉。將混料倒入熱液體中，接著煮沸，一邊攪拌。加入馬里布酒，拌勻。用小湯匙填入6個半球形矽膠模中 (7)。冷凍至硬化。

INSERT DE COMPOTÉE D'ANANAS 鳳梨果漬內餡

- 在每個裝有可頌麵團的塔圈中舀入1些鳳梨果漬內餡 (8)，接著擺上1片鳳梨（15克）(9)。蓋上矽膠烤墊和2個烤盤。

CUISSON 烘烤

- 將烤箱以旋風模式預熱至180℃。放入烤箱中間高度的位置，接著將溫度調低至165℃，烤25分鐘。再將溫度調高至180℃，繼續烤5分鐘。將烤盤、矽膠烤墊和小塔圈移除，刷上糖漿，接著再烤2分鐘。在網架上放涼。

FINITION 最後修飾

- 在每個維也納麵包中央擺上1個椰子醬半球，撒上現刨的青檸檬皮。

Flan vanilla

香草蛋塔

難度 ☐☐☐

___

前1天 備料：15分鐘 • **發酵**：12小時
當天 備料：30分鐘 • **冷凍**：2小時 • **發酵**：1小時至1小時30分鐘 • **烘烤**：20分鐘

MATÉRIEL 器材

高邊蛋糕模4個（直徑10公分）• 壓模1個（直徑9公分）

___

4個蛋塔

PÂTE À CROISSANT 可頌麵團

可頌麵團530克 • 模具用葵花油

CRÈME VANILLE 香草醬

蛋黃50克（約3顆）• 糖60克 • 卡士達粉25克
• 香草莢剖開刮出的籽1根 • 全脂牛乳160克 • 液狀鮮奶油160克

DORURE 蛋液

打散的蛋黃1顆

___

PÂTE À CROISSANT 可頌麵團（前1天）

• 製作1個雙折和1個單折的可頌麵團（見206和208頁）。

DÉTAILLAGE 裁切（當天）

以下前3個步驟，可參考第280頁上的照片1至3。

• 將麵團的折痕朝向自己擺放。劃出寬2公分的垂直線，接著切下並分開。用糕點刷為每條麵團刷上冷水。將麵團豎起，並排黏合，讓分層明顯可見。將麵團靠攏，以利緊密貼合。擺在鋪有烤盤紙的烤盤上，冷凍20分鐘。

• 再將麵團擺在工作檯上，讓分層垂直朝向自己。將麵團擀至約3.5公釐的厚度，冷凍20分鐘。

• 從分層的相反方向切出寬3公分的條狀。取4條麵條，鋪在刷上油的高邊蛋糕模內緣。用剩餘的麵條進行調整，填補每個模具中的空隙，確保麵條在模具內壁緊密排列。

• 將切下的剩餘麵團整合擀至2公釐的厚度，用叉子戳洞。冷凍20分鐘，接著用壓模切出圓餅。將圓餅鋪在模具底部，將底部和四周的麵皮邊緣密合。

APPRÊT 最後發酵

• 在28℃的發酵箱中發酵1小時至1小時30分鐘（見54頁）。冷凍1小時或冷凍至硬化。

CRÈME VANILLE 香草醬

• 在碗中將蛋黃和糖攪拌至泛白，接著加入卡士達粉和香草籽。在平底深鍋中將牛乳和鮮奶油煮沸。一半倒入先前的備料中，拌勻。

• 再將混料倒入裝有剩餘牛乳和鮮奶油的平底深鍋中，接著以中火煮沸，不停攪打。煮沸約30秒。

CUISSON 烘烤

• 將烤箱以旋風模式預熱至200℃。

• 將模具擺在30×38公分的烤盤上，接著在還冰凍的模具中填入熱的香草醬。用糕點刷為熱香草醬表面刷上蛋液，接著放入烤箱中間高度的位置，將溫度調低至165℃，烤20分鐘。

• 出爐後脫模，擺在網架上。

Dôme chocolat
cœur caramel
焦糖流芯巧克力圓頂麵包

難度 ☆☆☆

前1天 **備料**：5分鐘 • **發酵**：12小時
當天 **備料**：1小時 • **冷凍**：約4小時 • **發酵**：3小時 • **烘烤**：35分鐘

MATÉRIEL 器材
焦糖用（直徑3公分）矽膠半球形內嵌6連模
• 半熟蛋糕用（直徑5公分）矽膠半球形內嵌6連模 • 壓模1個（直徑7公分）
• 漩渦形麵條用（直徑7公分）矽膠半球形內嵌6連模
• 料理溫度計

6個巧克力圓頂麵包

DÔMES DE CROISSANT 可頌圓頂
可頌的基本揉和麵團450克 • 低水分奶油125克

CARAMEL 焦糖
糖60克 • 液態鮮奶油60克 • 奶油9克

MI-CUIT AU CHOCOLAT 半熟巧克力
黑巧克力47克 • 奶油25克 • 蛋47克（1小顆）
• 糖75克 • T55麵粉20克

SABLÉ AU CHOCOLAT 巧克力酥餅
奶油27克 • T65麵粉66克 • 鹽1克 • 糖粉32克
• 杏仁粉5克 • 可可粉5克 • 蛋17克（1/2小顆）

CARAMEL MIXÉ 焦糖粉
糖100克

FINITION 最後修飾
用於黏合的黑巧克力
⋯⋯⋯⋯⋯⋯⋯
矽膠烤墊和烤盤用室溫回軟的奶油

DÉTREMPE À CROISSANT 可頌基本揉和麵團（前1天）
- 製作可頌的基本揉和麵團（見206頁）。

FAÇONNAGE 整形（當天）
- 用可頌基本揉和麵團和邊長12公分的奶油方塊進行一次雙折和一次單折（見208頁）。折疊結束時，務必要讓麵團的邊長不超過14公分。加蓋，冷凍20分鐘。
- 將麵團的折痕朝向自己擺放。在工作檯上撒少許麵粉，接著第一次將麵團擀至35公分長。再冷凍20分鐘。
- 繼續擀至麵團達65公分長。用刀或切麵刀切成8個60公分長且8公分寬的條狀，保留切下的可頌麵團碎塊。將每條麵條捲起形成螺旋狀，平放在鋪有矽膠烤墊並充分刷上奶油的烤盤上 **(1)**。

APPRÊT 最後發酵
- 讓螺旋狀麵條在28℃的發酵箱中靜置發酵3小時（見54頁）。

FAÇONNAGE 整形（接續）
- 取出切下的可頌麵團碎塊，擀至1.5公釐厚。用叉子戳洞，擺在烤盤上，冷凍保存至少2小時。

CARAMEL 焦糖
- 在小型平底深鍋中，在糖中加入少許水，加熱至180℃至190℃（用料理溫度計確認溫度）。倒入加熱的鮮奶油，再煮至118℃。加入奶油，用刮刀將焦糖攪拌至平滑。填入6個半球形模中，冷凍至少2小時。

MI-CUIT AU CHOCOLAT 半熟巧克力
- 在碗中將巧克力和奶油隔水加熱至融化。將蛋和糖攪拌至泛白。混入融化的巧克力和奶油，接著是麵粉。填入6個半球形模中 **(2)**，接著在中央壓入1塊冷凍的焦糖內餡 **(3)**。冷凍至使用的時刻。

SABLÉ AU CHOCOLAT 巧克力酥餅
- 在裝有攪拌槳的電動攪拌機的攪拌缸中，混合奶油、麵粉、鹽、糖粉、杏仁粉、可可粉和蛋。
- 將烤箱以旋風模式預熱至160℃。
- 在工作檯上將巧克力酥餅麵團夾在2張烤盤紙之間，擀成2公釐的厚度，接著用壓模裁成6個圓餅狀 **(4)**。擺在鋪有烤盤紙的烤盤上，放入烤箱中間高度的位置，烤10分鐘。
- 出爐後，擺在網架上。

CARAMEL MIXÉ 焦糖粉
- 在平底深鍋中將糖煮至形成琥珀色，接著倒入鋪有烤盤紙的烤盤。放涼，接著以食物調理機（robot ménager）攪碎，形成細粉 **(5)**。

CUISSON 烘烤
- 烤箱預熱至170℃。將半球形內嵌6連模擺在30×38公分烤盤上，把可頌麵條捲成螺旋形 **(6)**。在每個模具中放入半熟焦糖巧克力內餡。用切剩的可頌麵團切出6個直徑7公分的圓餅。
- 用水濕潤圓頂周圍，接著在模具上擺入圓餅閉合接口 **(7)**。蓋上1張烤盤紙和1個30×38公分的烤盤，放入烤箱中間高度的位置，烤20分鐘。
- 從烤箱取出，將溫度調高至180℃。為圓頂輕輕脫模，正面擺在烤盤上，接著篩上焦糖粉 **(8)**，續烤5分鐘。
- 出爐後，將圓頂擺在網架上。

FINITION 最後修飾
- 用少許融化的巧克力將圓頂黏在巧克力酥餅上 **(9)**。

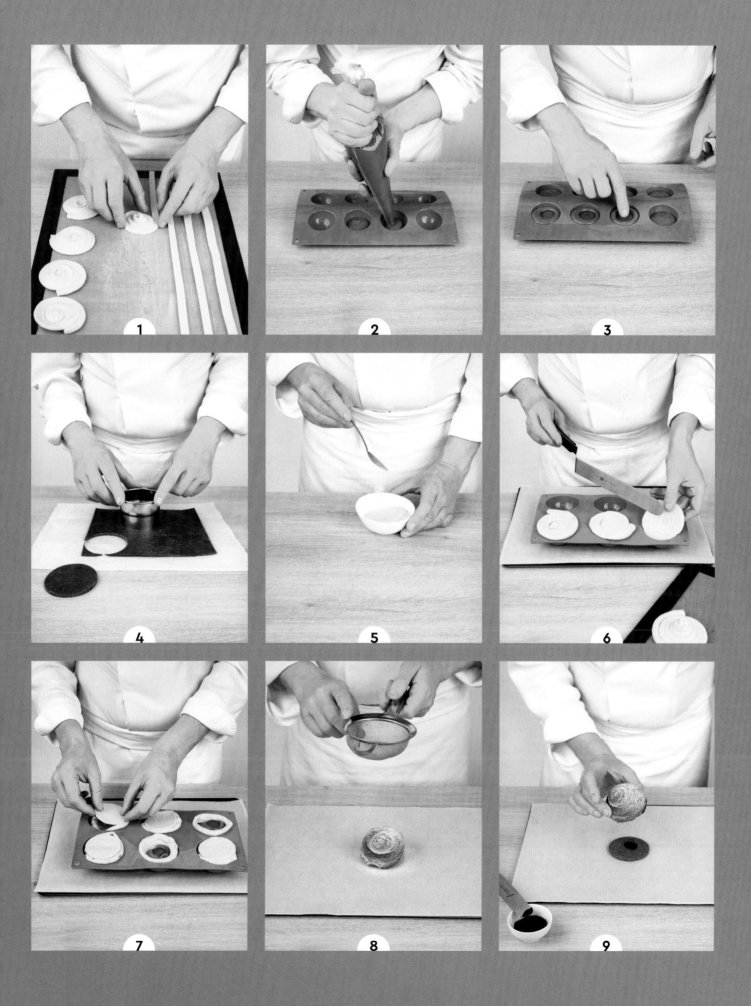

Fleur framboise-citron

覆盆子檸檬花

難度 ♙♙♙

前1天 備料：15分鐘 • 冷藏和冷凍：12至24小時 • 烘烤：10分鐘
當天 備料：30分鐘 • 冷凍：約1小時30分鐘 • 發酵：1小時30分鐘 • 烘烤：20至23分鐘

MATÉRIEL 器材

覆盆子果漬用（直徑6公分）矽膠圓餅內嵌6連模 • 花形壓模1個（直徑3公分）
• 花形與檸檬果凝用（直徑3公分）矽膠半球形內嵌6連模
• 可頌麵團用（直徑3公分和10公分）壓模2個 • 小塔圈6個（直徑10公分）

6個覆盆子檸檬花

可頌的基本揉和麵團（détrempe à croissant）480克 • 低水分奶油（beurre sec）125克

PÂTE ROUGE 紅色麵團

T45精白麵粉100克 • 甜菜汁50克 • 奶油10克 • 新鮮酵母4克
• 糖15克 • 鹽2克

COMPOTÉE DE FRAMBOISES 覆盆子果漬

冷凍覆盆子115克 • 糖30克 • NH果膠3克

GELÉE DE CITRON 檸檬果凝

甜檸檬汁60克 • 水20克 • 糖20克 • NH果膠3克

SIROP 糖漿

水125克＋糖125克，煮沸

....
尼泊爾花椒（Poivre de Timut，可省略）

CONSEIL
建議

注意不要超過烘烤溫度，
否則麵團的紅色會過深。
在紅色麵皮上劃切割紋時勿刻得太深，
以免花瓣裂成兩半。

DÉTREMPE À CROISSANT 可頌基本揉和麵團（前1天）

• 製作可頌基本揉和麵團（見206頁）。

PÂTE ROUGE 紅色麵團

• 在電動攪拌機的攪拌缸中放入麵粉、甜菜汁、奶油、酵母、糖和鹽。以慢速揉麵5分鐘，接著以中速揉麵5分鐘。揉成球狀，蓋上保鮮膜，冷藏12至24小時。

COMPOTÉE DE FRAMBOISES 覆盆子果漬

• 在平底深鍋中將覆盆子煮至微滾。混合糖和果膠，加入覆盆中。以小火煮3分鐘，一邊攪拌，接著在每個矽膠圓餅連模中倒入20克，冷凍。

• 將剩餘的果漬鋪在烤盤紙上，冷凍，接著用壓模裁出6朵花，擺在6個半球形模中，冷凍至硬化 **(1)**。

GELÉE DE CITRON 檸檬果凝

• 在平底深鍋中將檸檬汁和水煮至微滾。混合糖和果膠，加入鍋中，以小火煮至微滾，一邊攪拌。接著淋在每朵覆盆子果漬花上，接著再度冷凍。

FAÇONNAGE 整形（當天）

• 在工作檯上撒麵粉。用可頌基本揉和麵團和1塊邊長12公分的方形低水分奶油進行一次雙折和一次單折（見208頁）。折疊結束時，務必要讓麵團形成邊長14公分的正方形。

• 將紅色麵團擀成邊長15公分的正方形，將紅色麵皮擺在用水濕潤的可頌麵團上。用保鮮膜包起，冷凍15分鐘。

• 將麵團擀至形成30×28公分且厚3公釐的長方形 **(2)**。用切割器或小刀和尺，在紅色麵皮上劃出規則的斜向對角線，接著冷凍至變硬。

• 用壓模裁出48個直徑3公分的圓餅 **(3)**。冷凍至硬化。將剩餘的麵團擀至1.5公釐厚，接著用叉子戳洞，冷凍至硬化。

• 用壓模裁出6個直徑10公分的圓餅狀，放入迷你塔圈中，擺在30×38公分且鋪有烤盤紙的烤盤上。在每個塔圈底部約略交疊地放入6至8個3公分的圓餅。

APPRÊT 最後發酵

• 在25℃的發酵箱中靜置發酵1小時30分鐘（見54頁）。

CUISSON 烘烤

• 將烤箱以旋風模式預熱至145℃。

• 將1塊冷凍的覆盆子果漬內餡壓入麵團中央 **(4)**，接著放入烤箱中間高度的位置，烤20分鐘。將迷你塔圈取下，接著視需求再烤3分鐘。

• 出爐後，在周圍刷上糖漿。放涼後，在中央放入1個覆盆子檸檬半球。亦可選擇性地撒上1圈研磨的尼泊爾花椒粉。

Couronne tressée

mangue-passion

芒果百香辮子皇冠

難度 ♕ ♕ ♕

前1天 備料：15分鐘 • **發酵**：12小時
當天 備料：45分鐘 • **冷凍**：30分鐘 • **發酵**：1小時至1小時30分鐘 • **烘烤**：28分鐘

MATÉRIEL 器材
小塔圈6個（直徑10公分）• 矽膠圓餅內嵌6連模（直徑6公分）

6個皇冠麵包

PÂTE À CROISSANT 可頌麵團
可頌麵團580克

DORURE 蛋液
蛋1顆＋蛋黃1顆，一起打散
·················
塔圈用室溫回軟的奶油

CRÈME MANGUE-PASSION 芒果百香醬
液態鮮奶油63克 • 百香果肉32克 • 芒果果肉30克
• 蛋黃25克（1顆）• 糖25克 • 玉米澱粉10克 • 馬里布酒（Malibu®）1/2瓶蓋

GLAÇAGE MANGUE-PASSION 芒果百香鏡面
百香果肉38克 • 芒果果肉86克 • 糖34克 • NH果膠5克

UN TRESSAGE TOUT EN FINESSE

精緻的辮子麵包

為了獲取最佳成果，
長條狀麵團務必保持精細、
冰涼且緊密編織。
勿超過40公分長，太長時必須縮短，
以避免皇冠狀部分的千層派皮會不明顯。

PÂTE À CROISSANT 可頌麵團（前1天）

• 製作2個雙折的可頌麵團（見206和208頁）。

LE JOUR MÊME 當天

• 將可頌麵團擀至 35×20公分。擺在鋪有烤盤紙的烤盤上，冷凍至麵皮硬化。取出麵皮，接著擀成45×20公分且厚3.5公釐的長方形。

• 用刀或切麵刀切成18條長40公分且寬1公分的長條，接著將每3條編成辮子 (1) 共編成6條辮子。

• 將切下的麵皮碎塊鋪平擀至1.5公釐厚，接著用叉子戳洞，冷凍至硬化。裁成6塊直徑9公分的圓餅，擺在30×38公分且鋪有烤盤紙的烤盤上。

• 在每個圓餅的周圍用水濕潤，繞上1條辮子，刷上蛋液，接著在每塊圓餅周圍套上刷了奶油的小塔圈，在28℃的發酵箱中發酵1小時至1小時30分鐘（見54頁）。

CRÈME MANGUE-PASSION 芒果百香醬

• 在平底深鍋中放入鮮奶油、百香果和芒果的果肉，接著煮沸。同一時間，在碗中將蛋黃和糖攪拌至泛白，接著加入玉米澱粉，拌勻。

• 將部分的熱湯汁倒入先前的備料中拌勻，接著再全部倒回離火的平底深鍋中。攪拌，重新加熱芒果百香醬直到煮沸。

• 烹煮結束時，加入馬里布酒，拌勻。

• 用湯匙或擠花袋在每個內餡的圓餅6連模中各填入25克的 (2)。將模具對著工作檯輕敲，讓內容物整平。冷凍至硬化。

CUISSON 烘烤

• 將烤箱以旋風模式預熱至180℃。

• 再一次為圓環麵包刷上蛋液，在每個圓環中央壓入1片冷凍的芒果百香醬 (3)。放入烤箱中間高度的位置，將溫度調低至165℃，烤18分鐘。

• 出爐後，移去迷你塔圈，在網架上放涼。

GLAÇAGE MANGUE-PASSION 芒果百香鏡面

• 在平底深鍋將2種果肉煮沸。混合糖和果膠，接著加入鍋中。拌勻後煮沸，接著趁熱倒入滴瓶或小醬汁杯中 (4)。為每個圓環麵包中央鋪上20克的鏡面。待鏡面凝固後再品嚐。

La pomme Tatin

du boulanger

麵包師的反烤蘋果派

難度 ♡

備料：10分鐘 • **發酵**：1小時30分鐘 • **烘烤**：40分鐘

反烤蘋果派6個

切下的可頌麵皮碎塊420克，保持平整
• 模具用室溫回軟的奶油＋糖

GARNITURE 餡料
奶油120克 • 青蘋果（Granny Smith品種）3顆

PRÉPARATION DES MOULES 模具的準備
• 為6個直徑10公分的高邊蛋糕模（moules à manqué）內部刷上奶油並撒上糖，接著擺在30×38公分的烤盤上。

GARNITURE 餡料
• 將奶油切成薄片，在每個模具中放入20克的奶油。將蘋果削皮，挖去果核，接著橫切成兩半。在每個模具中放入半顆蘋果。

CUISSON 烘烤
• 將烤箱以旋風模式預熱至200℃，將模具擺在烤箱中間高度的位置，烤20分鐘。在模具中放涼。

• 在表面擺上切成厚3.5公釐方塊的可頌麵皮碎塊。在常溫下發酵1小時30分鐘。

• 將烤箱以旋風模式預熱至165℃，將模具擺在烤箱中間高度的位置，烤20分鐘。

• 出爐後，蓋上烤盤紙，用烤盤壓實。將烤盤移開，接著將每個反烤蘋果派倒置以脫模。

Petit cake
amandes-noisettes
杏仁榛果小蛋糕

難度 ♟

備料：20分鐘 • 發酵：2小時
烘烤：20分鐘

小蛋糕4個

可頌麵皮碎塊160克，保持平整
• 模具用室溫回軟的奶油

CRÈME D'AMANDES 杏仁奶油糊

室溫回軟奶油35克 • 糖粉35克 • 杏仁粉35克
• 蛋35克（大尺寸1/2顆）

....

烘焙榛果35克

FINITION 最後修飾

糖粉

GARNISSAGE DES MOULES 模具填料

• 將可頌麵皮碎塊切成邊長1公分的方塊，擺在4個11×4公分
且刷上奶油的長方模中。在25℃的發酵箱中靜置發酵約1小
時（見54頁）。

CRÈME D'AMANDES 杏仁奶油糊

• 混合奶油和糖粉，接著拌勻，形成均勻混料。加入杏仁粉，接
著是蛋，再度拌勻。將杏仁奶油糊填入無花嘴的擠花袋內。

ASSEMBLAGE ET CUISSON 組裝與烘烤

• 將杏仁奶油糊擠在可頌麵皮上，靜置發酵約1小時。再撒上切
碎的烘焙榛果。

• 將烤箱以旋風模式預熱至165℃，將模具擺在烤箱中間高度
的位置，烤20分鐘。脫模，在網架上放涼。篩上糖粉。

Petit cake
meringué
au citron vert
青檸蛋白霜小蛋糕

難度 ♟

備料：20分鐘 • 發酵：2小時
烘烤：20分鐘

小蛋糕4個

可頌麵皮碎塊160克，保持平整
• 模具用室溫回軟的奶油

CRÈME D'AMANDES AU CITRON
檸檬杏仁奶油糊

室溫回軟的奶油35克 • 糖粉35克
• 杏仁粉35克 • 蛋27克（1/2顆）
• 檸檬汁8克 • 青檸檬皮1顆

MERINGUE ITALIENNE 義式蛋白霜

糖100克 • 水40克 • 蛋白50克（2小顆）

FINITION 最後修飾

青檸檬皮碎1顆

MONTAGE 組裝

• 依照杏仁榛果小蛋糕的配方（見左側）將可頌麵皮碎
塊填入模型後靜置發酵約1小時。製作檸檬杏仁奶油
糊，在蛋之後加入檸檬汁和青檸檬皮。填入無花嘴的
擠花袋。將餡料擠在模具中。

CUISSON 烘烤

• 將烤箱以旋風模式預熱至165℃，將模具擺在烤箱中
間高度的位置，烤20分鐘。從烤箱中取出，脫模後在
網架上放涼。

MERINGUE ITALIENNE 義式蛋白霜

• 在平底深鍋中將糖和水加熱至119℃。在電動攪拌機
的攪拌缸中倒入蛋白，攪打成蛋白霜。倒入熱糖漿，
持續攪拌至冷卻。填入裝有星形花嘴的擠花袋。

FINITION 最後修飾

• 在每個蛋糕上來回擠出鋸齒形的義式蛋白霜。用噴槍
為蛋白霜上色，接著撒上現刨的青檸檬皮。

Galette des Rois

à la frangipane
杏仁卡士達國王餅

難度 ♙ ♙

前2天 備料：5分鐘 • 冷藏：1個晚上
前1天 備料：45分鐘 • 冷藏：12小時
當天 備料：15分鐘 • 烘烤：41分鐘

1個國王餅

PÂTE FEUILLETÉE 千層派皮
千層派皮560克

FRANGIPANE 杏仁卡士達奶油醬

CRÈME PÂTISSIÈRE 卡士達醬
蛋黃20克（1顆）• 糖20克 • 卡士達粉（poudre à crème pâtissière）10克
• 香草莢剖開刮出的籽1/2根 • 牛乳100克

CRÈME D'AMANDES 杏仁奶油醬
膏狀奶油50克 • 糖粉50克 • 杏仁粉50克 • 蛋50克（1小顆）• 琥珀蘭姆酒（rhum ambré）6克
·················
瓷偶1個（或蠶豆1顆）

DORURE 蛋液
蛋1顆＋蛋黃1顆，一起打散

SIROP 糖漿
水100克＋糖130克，煮沸

PÂTE FEUILLETÉE 千層派皮（前1天）

- 製作4折的千層派皮（見212頁）。

DÉTAILLAGE 裁切（前1天）

- 用折疊麵團進行第5次單折，接著擀成23×45公分且厚2公釐的長方形。將麵團切半，擺在2個鋪有烤盤紙的烤盤上。冷藏至硬化（約1小時）。

> **NOTE 注意**：可保留千層派皮碎塊，以疊起而非揉成一團的方式保存，可用來製作如椒鹽酥條（見308頁）等。

CRÈME PÂTISSIÈRE 卡士達醬

- 在碗中用打蛋器將蛋黃和糖攪拌至泛白，接著加入卡士達粉和香草籽。在平底深鍋中將牛乳煮沸，接著將一半的牛乳倒入先前的備料中，拌勻。
- 再將混合液倒回裝有剩餘牛乳的平底深鍋中，接著以中火煮沸，一邊不停攪拌。煮沸約30秒，接著移至碗中，在卡士達醬表面緊貼上保鮮膜，冷藏。

CRÈME D'AMANDES 杏仁奶油醬

- 在碗中攪打奶油和糖粉，形成乳霜狀混料。加入杏仁粉、蛋和蘭姆酒，接著快速攪打至乳化。

FRANGIPANE 杏仁卡士達奶油醬

- 在碗中用打蛋器混合60克的卡士達醬和200克的杏仁奶油醬，攪拌至形成平滑的狀態，填入裝有10號花嘴的擠花袋。

MONTAGE 組裝

- 取出千層派皮，裁成2塊直徑21公分的圓餅狀 **(1)**。將圓餅擺在鋪有烤盤紙的烤盤上，接著用糕點刷為邊緣刷上少量的水。在中央標示1個直徑16公分的淡淡印記，接著用擠花袋在這輪廓內緣擠出螺旋狀的杏仁卡士達奶油醬 **(2)**。放上瓷偶（或蠶豆）。蓋上另一塊圓餅，將邊緣黏合。刷上蛋液，冷藏至隔天。

FINITION 最後修飾（當天）

- 將圓餅從冰箱中取出。用直徑18公分的法式塔圈和小刀切去多餘的餅皮，接著用刀在餅皮邊緣刻出裝飾線條。再刷上一次蛋液，從圓餅的中央向邊緣的方向，在整個表面劃線 **(3)**。

CUISSON 烘烤

- 將烤箱以旋風模式預熱至180℃。放入烤箱中間高度的位置，烤40分鐘 **(4)**。
- 從烤箱取出，接著將溫度調高至220℃。為國王餅刷上糖漿，再烤1分鐘。
- 出爐後，將國王餅擺在網架上。

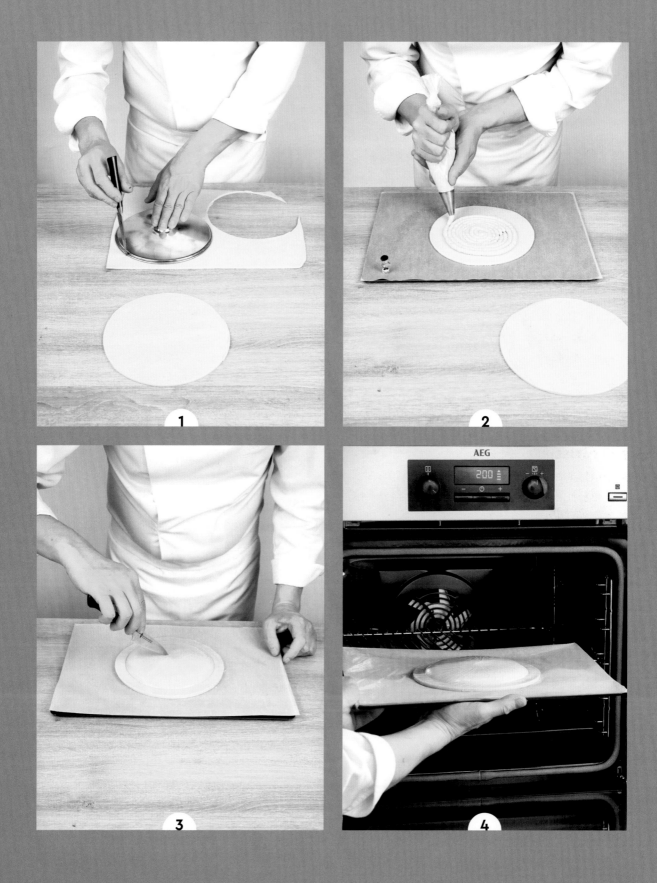

Chausson aux pommes

蘋果修頌

難度 ♡

前1天 備料：5分鐘・冷藏：1個晚上
當天 備料：45分鐘・冷藏：4小時・烘烤：30分鐘

5個修頌

PÂTE FEUILLETÉE 千層派皮
千層派皮560克

COMPOTE DE POMME 蘋果果漬
紅糖（Sucre roux）30克・奶油35克・鹽之花2撮
・切成小丁的青蘋果（Granny Smith品種）450克
・香草莢剖開刮出的籽1根

DORURE 蛋液
蛋1顆＋蛋黃1顆，一起打散

SIROP 糖漿
水100克＋糖130克，煮沸

UNE POMME TAILLÉE POUR LA CUISSON
烘焙用蘋果切塊

青蘋果（Granny Smith品種）
是一種微酸略甜的蘋果品種，經得起烹煮。
切塊的青蘋果可用來製作
半液態果漬（compote semi-liquide），
帶來更豐富的口感。

PÂTE FEUILLETÉE 千層派皮（前1天）

• 製作4個單折的千層派皮（見212頁）。

DÉTAILLAGE 裁切（當天）

• 用千層麵團製作第4個單折後，接著擀成30×38公分且厚約2公釐的長方形。擺在30×38公分且鋪有烤盤紙的烤盤上，冷藏1小時。

• 用17×12.5公分的橢圓形切模（découpoir cannelé ovale）裁成5塊 **(1)**。再擺入烤盤上，冷藏至硬化（約1小時）。

> **NOTE 注意：**可保留千層派皮的碎塊，以疊起而不要揉成一團的方式保存，可用來製作如椒鹽酥條（見308頁）等。

COMPOTE DE POMME 蘋果果漬

• 在平底深鍋中加入紅糖。以中火乾煮至形成漂亮的琥珀色。加入奶油和鹽之花稀釋，接著加入蘋果丁、香草莢和香草籽。攪拌，以小火慢燉，保留蘋果丁的外形。

• 燉煮後，放入加蓋的碗中，冷藏。使用前，將香草莢撈出。

MONTAGE 組裝

• 取切好的修頌麵皮。將擀麵棍擺在每個船形麵皮的中央，接著將麵皮稍微擀長。爲一半的麵皮邊緣刷上少量的水，在每個橢圓形麵皮的一半鋪上65克的果漬，並預留約2公分的外圍 **(2)(3)**。

• 將修頌閉合，用手指將邊緣捏緊，接著反面放在30×38公分且鋪有烤盤紙的烤盤上。刷上蛋液，冷藏至少2小時再烘烤。

• 再度爲修頌刷上蛋液，接著用小刀在表面劃出線條 **(4)**，接著在1、2個地方戳洞，讓蒸氣得以在烘烤時散出。

CUISSON 烘烤

• 將烤箱以旋風模式預熱至180℃。放入烤箱中間高度的位置，烤30分鐘。

• 從烤箱取出，接著將烤箱預熱至220℃。爲修頌刷上糖漿以增添光澤，再烤約30秒。出爐後，將蘋果修頌擺在網架上。

Sacristain
椒鹽酥條

難度 ♢

備料：15分鐘・烘烤：30分鐘

椒鹽酥條的材料

千層派皮碎塊・糖

DÉTAILLAGE ET FAÇONNAGE 裁切和整形

- 取出千層派皮碎塊，務必以層疊方式而非揉成團狀方式保存，以保留層次。用擀麵棍將麵團擀成20公分長且厚4公釐的長方形。在一面撒上糖，接著切成寬2公分的長條狀，將每條扭成螺旋形。擺在30×38公分且鋪有烤盤紙的烤盤上，將末端稍微按壓在紙上，以求穩定。

CUISSON 烘烤

- 將烤箱以旋風模式預熱至180℃。放入烤箱中間高度的位置，烤10分鐘，接著將溫度調低至165℃，續烤20分鐘。

變化版 1

Amandes hachées et sucre casson
碎杏仁與珍珠糖

- 將麵團擀開，接著在其中一面撒上碎杏仁。用擀麵棍將杏仁壓嵌入麵皮中，接著將麵皮翻面。爲另一面麵皮撒上珍珠糖並壓嵌入麵皮中。切成條狀，再扭成螺旋形烘烤。

變化版 2

À la glace royale
皇家糖霜版

- 在碗中用打蛋器混合125克的糖粉和30克的蛋白（1顆），接著加入8克的檸檬汁。用糕點刷在擀開的麵皮其中一面刷上薄薄一層皇家糖霜。切成條狀，再扭成螺旋形烘烤。

變化版 3

Fromage râpé et piment d'Espelette
乳酪絲與艾斯佩雷辣椒粉

- 在其中一面撒上薄薄一層混有艾斯佩雷辣椒粉的乳酪絲。切成條狀，再扭成螺旋形烘烤。

GLOSSAIRE 詞彙表

ABAISSER 擀麵
用擀麵棍將麵團擀開至想要的厚度及大小。

ALLONGER 成形
在第二次發酵之前,將麵團整形至最終形狀。

APPAREIL 混合液
構成最終配方的幾種素材混合,通常包含蛋(例如:舒芙蕾蛋奶液 appareil à soufflé)。

APPRÊT 最後發酵
最後的發酵階段,介於整形和放入烤箱之間,理想情況下最好在夠潮濕且密閉的環境下,以22℃和25℃之間的溫度進行。亦可參考 POUSSE 膨脹。

AUTOLYSE 水合
這項技術是將配方中的水和麵粉混合,接著靜置30分鐘至數小時,之後再加入其他食材。水分會觸發麵粉所含酶的活性,促使麵筋網絡形成,並減少最後揉麵的時間。

BAISURE 麵包吻痕
烘烤過程中,麵包彼此碰觸而在麵包外層留下的痕跡。

BANNETON 藤籃
用亞麻發酵布覆蓋的小柳條筐,麵團會擺入進行最後發酵(最終的發酵階段)。

BASSINER 濕潤(後加水)
如果麵團的含水量不足,會在麵團中加入少量的液體(通常是水),目的是在揉麵結束時使麩質軟化。

BÂTARD 巴塔狀
初步成形的形狀,接著會整形成介於球形和棍狀之間的半長橢圓形。

BEURRE SEC/BEURRE DE TOURAGE 低水分奶油/折疊用奶油
脂肪含量較一般奶油更豐富,也更具有彈性的奶油。含有的水分也較少(依奶油品質而定,介於5至8%之間),融點較高。用於千層派皮和千層發酵麵團(如可頌和布里歐或千層麵包)。

BOULER 滾圓
將一塊麵團翻面收緊開口,將鬆弛的麩質緊實,以形成平滑的球狀,鎖住麵團中含有的二氧化碳。

BUÉE 水氣
噴射至烤箱中的水轉化為水蒸氣,可延遲麵包外層的形成,並有利於麵包的最後膨脹及形成光澤。

CARAMÉLISER 焦糖化
1. 將糖煮至形成琥珀色,可用於各種備料中。

2. 烘烤結束時,食物因高溫而產生梅納反應,讓麵團外層上色。(這時碳水化物的分子和氨基酸發生反應,產生非常複雜的風味和氣味。)

CHUTE 剩料
切下的剩餘麵皮。

CINTRÉ 拱形
指在烘烤過程中變形為弧形或曲線形狀的麵包。

COLLER 黏著/稠化
1. 用增稠劑(澱粉或果膠、奶油或果漬)增稠或固化。

2. 用水濕潤表面,將2塊麵皮接合。用具黏性的麵皮將裝飾配件黏在主體上(如:派對麵包)。

CONFIT 糖漬/油封
用以下食材之一浸漬至飽和的食材:醋(蔬菜)、糖(水果)、酒(水果)、脂肪(家禽)。用於烹調或保存的程序。

CONTRE-FRASAGE 反混合
在揉麵或初步混合時添加麵粉,讓麵團更為結實。亦可參考 FRASAGE 初步混合。

CORSETAGE 折腰
以模具烤好的麵包變形,麵包的兩側凹陷。

COUCHE 發酵布
發酵期間,麵團膨脹時放置的亞麻發酵布。

COUCHER 鋪料
1. 將擀好的麵皮擺在烤盤上。

2. 在備料或食物上鋪一層奶油醬或其他配料。

3. 用裝有花嘴的擠花袋在烤盤上,以規則的間距擠出或鋪上備料。

COULER 注水
在麵團中加入水,讓麵團吸收水分。

COUP DE LAME 割紋
放入烤箱前,在麵團表面劃出切口。亦可參考 GRIGNE 裂紋、LAMER 劃切割紋、SCARIFICATION 刻痕。

COUPER 切割

切片、切塊。

CROÛTAGE 結皮

1. 刻意將麵團暴露在空氣中，以便在表面形成一層乾膜的動作。

2. 烘烤前麵包的外部因過度接觸乾燥空氣而變乾。

CROÛTE 麵包外層

烘烤後的麵包外層。

CUISSON 烹煮／烘烤

將食物煮熟的動作和方法。

DÉS 丁

規則的小塊。

DÉCHIRÉ 破裂

麵團不再平滑或出現明顯裂痕，這是麵團過度膨脹且缺乏延展性或筋度過強的結果。

DÉCOUPER 裁切

用剪刀、刀或壓模切割。

DÉGAZER 排氣

用手按壓，讓麵團所含的二氧化碳排出，這道程序經常在整形階段進行。

DÉLAYER 摻水調和

在液體中混合物質（如：新鮮酵母或澱粉）。

DÉMOULER 脫模

將成品或半成品從模具中取出，使其具有特定的形狀。

DÉTAILLER 裁切

用刀或壓模從備料中切割出特定的形狀。

DÉTENTE 鬆弛

經常在初步成形後進行的靜置時間，有利於麵團的整形。

DÉTREMPE 基本揉和麵團

需要以麵粉、水和鹽，以及／或新鮮酵母進行折疊的基礎麵團備料。用於可頌、千層派皮、麵包或布里歐麵團。

DÉVELOPPER (SE) 膨脹

麵團在發酵和烘烤期間增加體積。

DIVISION 分割

將麵團分為數個的程序，往往會依決定的重量而定。

DONNER DU CORPS 賦予結實度

手揉麵團，用力搓揉麵筋，為麵團賦予彈性。

DORER 刷上蛋液

刷上打好的蛋或蛋黃液，以增強成品的顏色和光澤。

DORURE 蛋液

烘烤前用來刷在麵團表面，以形成金黃色的外觀（打散的全蛋或蛋黃，可添加水和鹽）。

DRESSER 擠花袋鋪料

將備料適當地擠在烤盤上（如：泡芙麵糊）。

ENCHÂSSER 夾入奶油

折疊前將低水分奶油包在基本揉和麵團或麵團（如可頌、千層派皮、麵包或布里歐）中，以形成千層效果。

FAÇONNER 整形

為麵團賦予明確的形狀。

FERMENTATION 發酵

澱粉分解成糖的時期，接著在第二階段中，透過酶（酵母酶）和熱量的作用將糖轉化為酒精分子和二氧化碳。

FLEURER 撒上麵粉

在與麵團接觸的工作檯表面撒上薄薄一層麵粉，以免麵團沾黏。

FONCER 入模

在模具或容器底部和邊緣鋪入麵團。

FONTAINE 挖出凹槽

將麵粉形成凹槽狀，以便將其他食材放入中央，揉成麵團。

FORCE 筋度

麵團三項力學特性的結合：塑性、韌性、彈性。筋度過高導致彈性過大；缺乏筋度會導致缺乏延展性、缺乏彈性強度。

FOURNÉE 一爐

一起放入烤箱烘烤的麵包量。

FRASAGE 初步混合

用手或是在電動攪拌機的攪拌缸中以慢速攪拌食材。這是揉麵的第一階段。

GELÉE 果凝

添加增稠劑（例如果膠或吉利丁）的果汁或果肉，用於製作內餡或為蛋糕、甜點表面增添光澤。

GLAÇAGE 鏡面

如糖漿般濃稠的食材混料，用於在糕點烘焙、糖果製作或料理中包覆食物、增添光澤。

GLUTEN 麩質

麵粉的蛋白質部分，不溶於水。

GRIGNE 裂紋

這就像是麵包師的簽名，是烘烤前用刀在麵團上劃出切口，烘烤後形成的結果。亦可參考 COUP DE LAME 刻劃、LAMER 劃切割紋、SCARIFICATION 刻痕。

HYDRATATION 含水量

麵粉在揉麵過程中吸收的水量。

IMBIBER 浸漬
用糖漿、酒精或利口酒濕潤、浸漬，以進行調味並讓食材變得更為柔軟。

INCORPORER 混入
逐量將一種食材帶入另一種食材中，輕輕混合。

INFUSER 浸泡
將芳香食材放入微滾的液體中靜置，讓香氣在液體中擴散（如：茶）。

JET（或 JETÉ）裂口
烘烤前用刀在麵包外層表面切割的切口，鬆開或張開。

LAMER 劃切割紋
放入烤箱前，用刀在麵團上劃出1道或多道切口，以利烘烤期間二氧化碳的排出。亦可參考 GRIGNE 裂紋、SCARIFICATION 刻痕。

LEVAIN 酵種
從型號（type）較高（含部分穀物外皮）的麵粉和液體開始進行發酵，不添加新鮮酵母。發酵種經過幾天的餵養，為麵粉中存有的微生物（乳酸菌、野生酵母）提供養分。

LEVAIN CHEF 酵頭
微生物活性最大，且用來製作完成種的基礎酵種。

LEVAIN LEVURE 酵母種
製作麵包的方式，在揉麵時帶入少量預先以新鮮酵母進行發酵的麵團。最常用於維也納麵包。

LEVAIN TOUT POINT 完成種
經過一系列的餵養程序，逐步為酵頭增加酵種份量。

LEVER 發酵
在濕熱的環境中讓麵團（如布里歐、麵包或可頌麵團）膨脹。

LEVURE/LEVURE DE BOULANGER 酵母／麵包酵母
微小的單細胞真菌（釀酒酵母菌），來自製糖甜菜發酵而成的糖蜜。與水和麵粉混合後，酵母會引發發酵，產出二氧化碳。

LEVURE CHIMIQUE 泡打粉
由小蘇打和塔塔粉製成，不會在麵團中留下氣味或味道。與麵包酵母不同，只會在烘烤時發生反應。

LISSAGE 整平
揉麵最後的動作，透過混入空氣和拉伸的方式讓麵團變得均勻。也可以用來形容在揉麵機中攪拌，讓麵筋網絡處於最佳狀態。硬麵團比軟麵團更快整平。

LUSTRER 上光
烘烤結束時，刷上糖漿或奶油，讓麵包變得有光澤。

MACÉRER 浸漬
讓食物（往往是新鮮水果、果乾或糖漬水果）浸泡在液體中一段時間，以進行調味或軟化。

MONTER 打發
快速攪打（如將蛋白打成泡沫狀或乳霜狀）。

MOULER 入模
烘烤前後在模具內填入混合液或麵糊。

PANIFICATION 麵包製程
製作麵包的各種階段。

PÂTE FERMENTÉE 發酵麵團
經過揉麵和幾小時發酵後的麵團，加入後來揉麵的麵團中，形成筋度。可提升味道、品質並有助於保存。

PÂTON 麵團
分割後形成揉好但尚未烘烤的麵團（如：千層派皮、麵包麵團）。

PÉTRIR 揉麵
用手或機器揉麵團，並透過切割、拉伸和膨脹等作用發展出麵筋網絡，以形成均勻的麵團。

PLIER 翻折
將麵團的一面朝另一面折起（對千層派皮或千層發酵派皮進行翻麵、折疊）。

POCHER 燉煮
在微滾的液體中烹煮。

POCHOIR 模板
烘烤前後用來在食品上製作花樣的模具。

POINTAGE 基本發酵
麵團在揉麵結束後的第一個發酵時期，在將麵團分割前結束。亦可參考 POUSSE 膨脹。

POINTE 少量
對應刀尖的測量值（例如少量的香草粉）。

POOLISH 液種／波蘭種
以麵粉和水等量混合而成，並添加了麵包酵母的液態發酵麵團。

POREUSE 多孔
用來形容表面有小孔洞的麵團。

POUSSE 膨脹
發生在揉麵之後，介於整形和烘烤之間，相當於發酵的時期。亦可參考 POINTAGE 基本發酵和 APPRÊT 最後發酵。

PRÉFAÇONNER 初步成形
將麵團塑造成略為拉長或球形，為了最終整形的預備動作。

RABATTRE（或 FAIRE UN RABAT）翻麵

拉伸或折疊麵團，讓麵團排氣，並重新為麵團賦予筋度，麵團再度展開發酵程序。這項技術會在基本發酵期間進行。

RAFRAÎCHIR 餵養

透過添加水分和麵粉來為酵種提供營養的成分，並提供酵種活力。為了避免酸度過高，可能必須添加如蜂蜜等糖分，或是提供如優格或其他乳製品等乳酸酵素。

RASSIS 走味

指在乾燥空氣中因老化而變硬的食物，變得不再新鮮（例如麵包）。

RASSISSEMENT 老化

水分蒸發引起的麵包結構變化。

RELÂCHEMENT 鬆垮

麵團失去筋度、無彈性的缺失。

RESSUAGE 散熱

從烤箱中取出後的時期，在這段期間，麵包會以蒸氣形式流失水分。這是製作麵包最後一個重要的步驟。

SABLER 形成砂狀

用麵粉摩擦油脂，讓油脂均勻分布。在形成如細緻麵包屑的外觀時停止動作。

SAISI 快烤

用來形容麵包外層在烘烤初期便形成明顯的顏色。

SCARIFICATION 刻痕

放入烤箱前，在麵團表面劃切。亦可參考 COUP DE LAME 刻劃、GRIGNE 裂紋、LAMER 劃切割紋。

SERRER 收攏

在整形的過程中，稍微用力地將麵團捲起，以盡可能排出最多的二氧化碳。

SOUDURE 密合處

在麵團成型或整形時，將麵團滾圓或拉長的折痕接合處。

SOUFFLAGE 膨脹

揉麵期間為麵團混入空氣的動作。

SUINTER 滲水

過度揉捏或過熱的麵團會排出部分的水或奶油。

TAILLER 切

精確切割。

TAMISER 過篩

用網篩過濾，即用來去除雜質或油脂的濾器。

TENUE 穩定度

用來形容麵團或麵團發酵時的維持狀況。

TOLÉRANCE 發酵耐力

小麵團或整塊麵團在缺乏發酵或過度發酵下而不受損的承受能力。

TORSADER 編／捲成螺旋形

將兩塊麵團編織在一起（如巴布卡），或是將一塊麵團扭曲捲起（如椒鹽酥條）。

TOURAGE 折疊

經多次折疊，將奶油疊入麵團的動作，讓兩者交疊以形成薄酥層次。

TOURER 擀折

在奶油上反覆折疊麵團，讓兩者混合（如千層派皮、可頌麵團）。

TOURNE À CLAIR 接縫處朝下

在整形後和最後發酵期間，將麵團的密合處置於下方。

TOURNE À GRIS 接縫處朝上

在整形後和最後發酵期間，將麵團的密合處置於上方。

TOURNER 滾圓（翻折）

為麵團整形並略為收緊地進行翻折。

TRAVAILLER 揉捏

揉麵、攪拌、拌合。

TREMPER 浸泡

用液體濕潤。

ZESTER 削（柑橘類水果）皮

取下柑橘類水果（柳橙、檸檬）鮮豔的外皮。果皮可混入備料中，增添香氣，也可直接進行糖漬。

INDEX ALPHABÉTIQUE DES RECETTES

依字母順序排列的配方索引

致謝

REMERCIEMENTS

若不是協調團隊的專業精神、持續跟進和熱忱，這本書就無法出版。感謝 Leanne Mallard 和主廚 Olivier Boudot、Frédéric Hoël、Vincent Somoza 和 Gauthier Denis。感謝攝影師 Delphine Constantini 和 Juliette Turrini，以及造型師 Mélanie Martin。感謝行政團隊 Kaye Baudinette、Isaure Cointreau 和 Carrie Lee Brown。

我們特別感謝 Larousse 的 Isabelle Jeuge-Maynart 和 Ghislaine Stora，以及他們的整個團隊：Émilie Franc、Géraldine Lamy、Ewa Lochet、Laurence Alvado、Élise Lejeune、Aurore Élie、Clémentine Tanguy 和 Emmanuel Chaspoul。

Le Cordon Bleu法國藍帶廚藝學院和 Larousse 要感謝遍布全球近20個國家和30多個機構的法國藍帶廚藝學院廚師團隊，感謝他們的專業知識和創造力，使本書得以完成。

我們要感謝**巴黎**法國藍帶廚藝學院和主廚 Éric Briffard MOF、Patrick Caals、Williams Caussimon、Philippe Clergue、Alexandra Didier、Olivier Guyon、René Kerdranvat、Franck Poupard、Christian Moine、Guillaume Siegler、Fabrice Danniel、Frédéric Deshayes、Corentin Droulin、Oliver Mahut、Emanuele Martelli、Soyoun Park、Frédéric Hoël 和 Gauthier Denis；

感謝**倫敦**法國藍帶廚藝學院和主廚 Emil Minev、Loïc Malfait、Éric Bédiat、Jamal Bendghoughi、Anthony Boyd、David Duverger、Reginald Ioos、Colin Westal、Colin Barnett、Ian Waghorn、Julie Walsh、Graeme Bartholomew、Matthew Hodgett、Nicolas Houchet、 Dominique Moudart、Jerome Pendaries、Nicholas Patterson 和 Stéphane Gliniewicz；

感謝**馬德里**法國藍帶廚藝學院和主廚 Erwan Poudoulec、Yann Barraud、David Millet、Carlos Collado、Diego Muñoz、Natalia Vázquez、David Vela、Clement Raybaud、Amandine Finger、Sonia Andrés 和 Amanda Rodrigues；

感謝**伊斯坦堡**法國藍帶廚藝學院和主廚 Erich Ruppen、Marc Pauquet、Alican Saygı、Andreas Erni、Paul Métay 和 Luca De Astis；

感謝**黎巴嫩**法國藍帶廚藝學院和主廚 Olivier Pallut 和 Philippe Wavrin；

感謝**日本**法國藍帶廚藝學院和主廚 Gilles Company；

感謝**韓國**法國藍帶廚藝學院和主廚 Sebastien de Massard、Georges Ringeisen、Pierre Legendre、Alain Michel Caminade 和 Christophe Mazeaud；

感謝**泰國**法國藍帶廚藝學院和主廚 Rodolphe Onno, David Gee, Patrick Fournes, Pruek Sumpantaworaboot, Frédéric Legras, Marc Razurel, Thomas Albert, Niruch Chotwatchara, Wilairat Kornnoppaklao, Rapeepat Boriboon, Atikhun Tantrakool, Damien Lien 和 Chan Fai；

感謝**上海**法國藍帶廚藝學院和主廚 Phillippe Groult MOF、Régis February、Jérôme Rohard、Yannick Tirbois、Benjamin Fantini、Alexander Stephan、Loic Goubiou、Arnaud Souchet、Jean-Francois Favy；

感謝**台灣**法國藍帶廚藝學院和主廚 Jose Cau、Sebastien Graslan 和 Florian Guillemenot。

感謝**馬來西亞**法國藍帶廚藝學院和主廚 Stéphane Frelon、Thierry Lerallu、Sylvain Dubreau、Sarju Ranavaya 和 Lai Wil Son；

感謝由主廚 Tom Milligan 指導的**澳洲**法國藍帶廚藝學院。

感謝**紐西蘭**法國藍帶廚藝學院機構和主廚 Sébastien Lambert、Francis Motta、Vincent Boudet、Evan Michelson 和 Elaine Young；

感謝**渥太華**法國藍帶廚藝學院及主廚 Thierry Le Baut、Aurélien Legué、Yannick Anton、Yann Le Coz 和 Nicolas Belorgey；

感謝**墨西哥**法國藍帶廚藝學院及主廚 Aldo Omar Morales、Denis Delaval、Carlos Santos、Carlos Barrera、Edmundo Martínez 和 Richard Lecoq；

感謝**祕魯**法國藍帶廚藝學院及主廚 Gregor Funcke、Bruno Arias、Javier Ampuero、Torsten Enders、Pierre Marchand、Luis Muñoz、Sandro Reghellin、Facundo Serra、 Christophe Leroy、Angel Cárdenas、Samuel Moreau、Milenka Olarte、Daniel Punchin、Martín Tufró 和 Gabriela Zoia；

感謝**聖保羅**法國藍帶廚藝學院及主廚 Patrick Martin、Renata Braune、Michel Darque、Alain Uzan、Fabio Battistella、Flavio Santoro、Juliete Soulé、Salvador Ariel Lettieri 和 Paulo Soares；

感謝**里約熱內盧**法國藍帶廚藝學院機構及主廚Yann Kamps, Nicolas Chevelon、Mbark Guerfi、Philippe Brye、Marcus Sales、Pablo Peralta、Philippe Lanie、Gleysa Brito、Jonas Ferreira、Thiago de Oliveira、Bruno Coutinho 和 Charline Fonseca；

以及**智利**法國藍帶廚藝學院和**印度**法國藍帶廚藝學院團隊。

法國藍帶廚藝學院感謝 Electrolux 器具的協助（www.electrolux.fr）。

系列名稱 / 法國藍帶

書 名 / 法國藍帶麵包聖經

作 者 / 法國藍帶廚藝學院

出版者 / 大境文化事業有限公司

發行人 / 趙天德

總編輯 / 車東蔚

文 編 / 編輯部

美 編 / R.C. Work Shop

翻 譯 / 林惠敏

地 址 / 台北市雨聲街77號1樓

TEL / (02)2838-7996

FAX / (02)2836-0028

初 版 / 2022年10月

定 價 / 新台幣 1680元

ISBN / 9789860636987

書 號 / LCB 18

讀者專線 / (02)2836-0069

www.ecook.com.tw

E-mail / service@ecook.com.tw

劃撥帳號 / 19260956大境文化事業有限公司

國家圖書館出版品預行編目資料

法國藍帶麵包聖經

法國藍帶廚藝學院 著；--初版.--臺北市

大境文化，2022 320面；22×28公分（LCB；18）

ISBN 9789860636987

1.CST：點心食譜 2.CST：麵包

427.16   111011403

Direction de la publication :
Isabelle Jeuge-Maynart et Ghislaine Stora
Direction éditoriale : Émilie Franc
Édition : Ewa Lochet
Direction artistique :Géraldine Lamy
Conception graphique :
Aurore Élie et Clémentine Tanguy
Mise en page : Emmanuel Chaspoul
Fabrication : Émilie Latour
Couverture : Clémentine Tanguy